電腦輔助製圖必修
原廠認證・考試必備

AUTODESK®
INVENTOR®
電腦繪圖與輔助設計

含 Inventor 2016~2018 認證模擬與解題

序

本書適用於 Inventor 初學入門、學校課程教學、國際認證考試，以及自學者。Inventor 為一款 Autodesk 研發的參數式 3D 繪圖軟體，因此與 AutoCAD 軟體的相容性也最好，可互相轉換資源數據。Inventor 支援的功能眾多，包括零件設計、元件組裝、運動模擬、鈑金設計、數據管理、模擬分析等等，完全改變 AutoCAD 的傳統設計流程，完成的產品組件，可在 Inventor 快速進行運動模擬與分析，減少設計過程的錯誤，且對於個別零件的設計變更，所有相關圖面也會同時修正，減少大量修改 2D 圖面的時間，是製造業的設計利器，也是提升生產效率的好幫手。

Inventor 為 3D 繪圖軟體，對於非本科系或想從事機械設計的同好，可能會有是否要由 2D 學起或不知如何開始的疑問。本書完全採取循序漸進的教學方式，由淺入深，且教學過程中提供大量畫面截圖，依照圖面操作，相信 Inventor 可快速上手而且可同時精通電腦輔助設計（CAD）軟體的建模與組裝流程。

感謝購買這本書的讀者，以及工業與產品設計領域的同業支持與意見回饋。感謝所有參與本書編寫的作者，協助這本 Inventor 的專業認證書誕生。更感謝持有本書的您，因為有您的支持，就是協助我們進步的動力。

目錄

第 3 章　2D 草圖編輯與約束

第 4 章　零件建模指令

第 5 章　工作平面與參考幾何

第 6 章　組件設計

第 7 章　曲面設計

第 8 章　工程圖設計

第 9 章　簡報設計

CHAPTER 1

介面設定與基本操作

本章介紹

本書一開始將介紹 Inventor 介面配置與滑鼠基本操作，使初學者了解各面板擺放位置，迅速進入學習狀態，並介紹由 2D 草圖至 3D 模型的一般建模流程，即使無相關繪圖軟體的經驗也能快速理解 Inventor 軟體的操作模式，進而考取原廠證照。

本章目標

在完成此一章節後，您將學會：

- 了解介面配置
- 滑鼠的操作
- 專案設置

1-1 介面介紹

下方將介紹 Inventor 介面的幾個重要區域，請先隨著下面幾個步驟開啟檔案，使畫面與書中的解說相同，方便理解。

1. 在安裝完 Inventor 2018 後，在桌面找到 Inventor 2018 捷徑，點擊滑鼠左鍵兩下執行。

2. 一開始會看見 Inventor 的首頁，點擊視窗左上角【 📂 】開啟檔案。

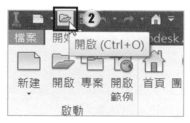

3. 選擇光碟範例檔案〈1-1_介面介紹.ipt〉，點擊【開啟】。（副檔名.ipt 為 Inventor 的零件檔）

4.　請先點擊【是】，專案設定會在後面章節介紹。

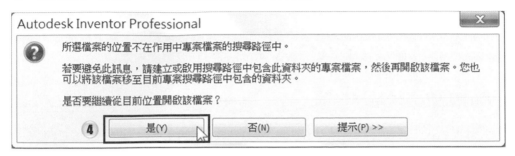

開啟檔案後，所見畫面以及功能如下圖所示，對於介面名稱先有一個初步印象，本書提到各個區域時，更能迅速找到指令位置。

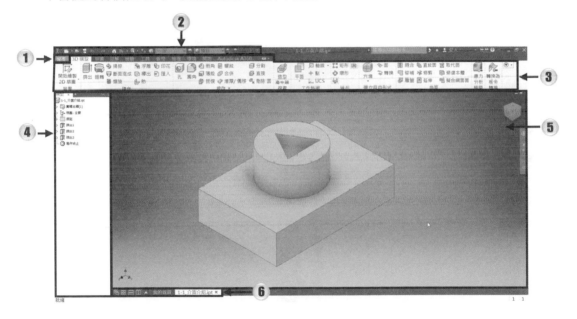

1.　功能表[檔案]：開啟、儲存、匯出或列印檔案，以及選項設定等。

2.　快速存取工具列：可在此區設定常用工具，方便快速選用。

3.　功能區：提供建立專案模型所需要的所有工具。

4.　模型歷程（模型瀏覽器、模型樹）：記錄所有的操作順序及歷史紀錄。

5.　繪圖區：用於顯示目前專案的視圖。

6.　文件頁籤：可開啟不同零件，利用頁籤來做切換。

1-2 | 滑鼠操作與檢視

滑鼠是繪圖軟體最重要的幫手,滑鼠左鍵可以執行按鈕指令或選取物件,中鍵可以操控視角畫面,右鍵則可以開啟選單。下面將在繪圖區中進行操作。

操作說明	滑鼠操作

準備動作:開啟模型檔案〈1-2_滑鼠操作.ipt〉。

1. 按住滑鼠中鍵,並左右移動
   可將物件做平移動作。

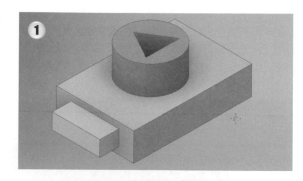

2. 滾動滑鼠中鍵滾輪,並往前
   滾動滾輪,此時畫面的物件
   會縮小。

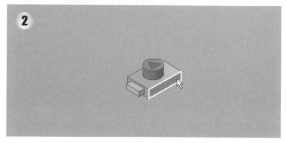

3. 滾動滑鼠中鍵滾輪,並往後
   滾動滾輪,此時畫面的物件
   會變大。

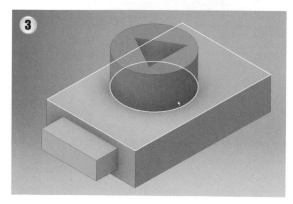

4. 按住 Shift 鍵與滑鼠中鍵，並移動滑鼠，可以環轉物件，若想回到原來的視角，
點擊右上角【主視圖】的圖示，即可回到原來的環轉視角。

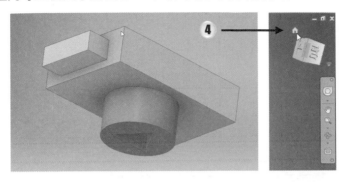

5. 轉正檢視工具，在右邊導覽列下方點擊【轉正檢視(🔲)】按鈕後，並在模型歷
程下方點擊【原點】前方的【<】可以展開子層級，點擊【YZ 平面】，則畫面
將會轉到 YZ 平面視角。

6. 點擊上方功能區中的【檢視】頁籤，在【視覺型式】的下拉式選單中，可以切
換到不同的視覺型式，如【線架構】模式，平常可使用【帶邊的描影】。

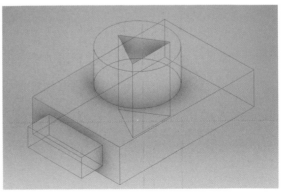

1-3 檔案的新建與儲存

操作說明　　**檔案新建**

1. 點擊畫面左上角【 📄 】新建
   檔案。

2. 左邊欄位可選擇【 English 】英制樣板，或【 Metric 】公制樣板。本書以公制樣板為主。

3. 右邊欄位分成四種類型的檔案：

   - 零件：建立單一 3D 零件，Standard 製作標準零件，Sheet Metal 製作鈑金件。
   - 組合：用於組裝零件或組合件。
   - 圖面：用於建立工程圖。
   - 簡報：製作組裝與分解動畫。

   此處請先選擇【 Standard(mm) 】標準公制樣板，點擊【 建立 】。

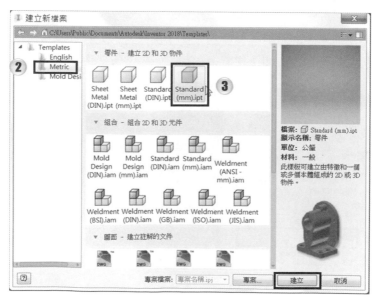

操作說明　**儲存檔案**

1. 建立檔案後，點擊畫面左上角
   的【💾】按鈕來儲存檔案。

2. 檔案名稱可自由設定，零件的存檔類型為 ipt，點擊【儲存】。

3. 點擊【是】。

1. 下方的檔案頁籤可以看見之前開啟的【1-2 滑鼠操作】與新建立的【零件 1】。
   點擊【1-2 滑鼠操作】可以檢視此零件檔。

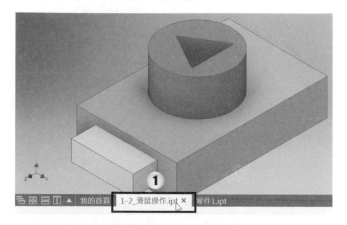

2. 點擊【零件 1】，並按下右側的紅色打叉，可以關閉檔案。

操作說明　原點與基準平面

1. 每個 Inventor 新建的檔案，皆會提供一個原點(中心點)與三個基準平面，可作
   為繪圖的定位基準，可在基準平面上繪製草圖。

2. 左側的模型歷程中，點擊【原點】左側的【<】展開，滑鼠停留在中心點上，繪
   圖區中會顯示中心點位置。

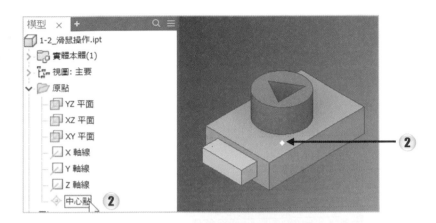

3. 滑鼠停留在 XY 平面上，繪圖區中會顯示 XY 平面位置。

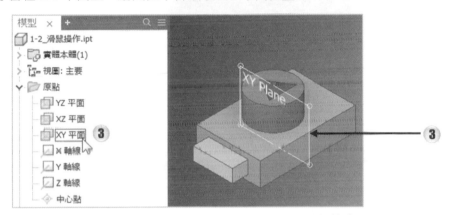

操作說明　使用者介面

1. 點擊【模型】右側的紅色打
   叉，會關掉模型歷程。

2. 可以點擊【檢視】頁籤→【使用者介面】，勾選【模型】，可再開啟模型歷程。

3. 勾選【小工具列】，可開啟 Inventor2016 版本預設會開啟的小工具列，用來輔助特徵的參數設定。

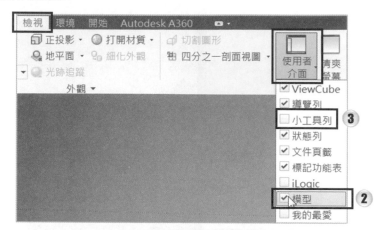

4. 右圖為【擠出】指令的小工具列，可自由決定是否要開啟。

1-4 建立一個簡易模型

本小節先以一個基本造型介紹 Inventor 的建模方式，讓第一次接觸 3D 設計繪圖軟體的初學者有初步的概念，而已經接觸其他 3D 軟體的使用者，也能從類似的功能快速上手此軟體。

準備動作：開啟一個新的檔案，點擊【Metric(公制)】→【Standard(mm)】→【建立】，建立一個標準公制零件檔。

操作說明　草圖繪製

1. 點擊【3D 模型】頁籤 →【開始繪製 2D 草圖】→ 點擊【XZ 平面】。

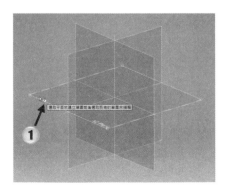

2. 在【草圖】頁籤 →【建立】面板 → 點擊【矩形】按鈕。

3. 點擊原點,決定矩形第一點。

4. 點擊右上角一點,決定矩形第二點。

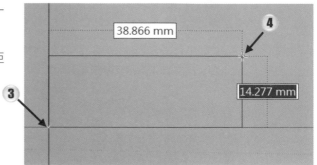

5. 點擊【完成草圖】。

6. 點擊【3D 模型】→【建立】面板 →【擠出】,可以把矩形垂直長出厚度。

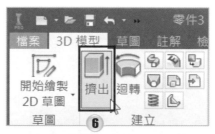

7. 拖曳箭頭可以調整厚度,按下 Enter 鍵完成。

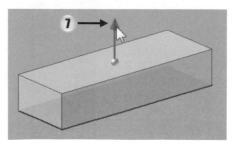

8. 點擊【開始繪製 2D 草圖】。

9. 選擇前方的面，作為要繪
   製草圖的平面。

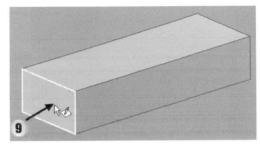

10. 點擊【矩形】。

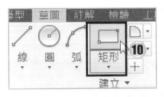

11. 點擊兩個點，繪製矩形。
    （若想重畫矩形，可按下一
    次 Ctrl + Z 復原）

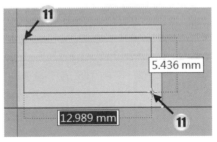

12. 點擊【完成草圖】。

13. 點擊【擠出】。

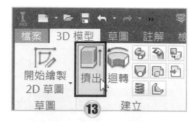

14. 往外拖曳箭頭可以變更擠
出深度，按下 Enter 鍵完
成。

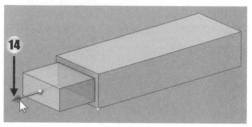

15. 點擊【開始繪製 2D 草圖】。

16. 選擇前方的面，作為要繪
製草圖的平面。

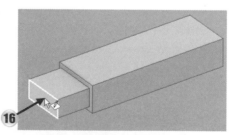

17. 點擊【矩形】。

18. 點擊兩個點，繪製矩形。

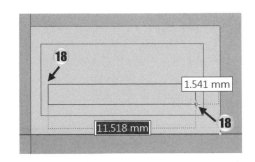

19. 點擊【完成草圖】。

20. 點擊【擠出】。

21. 往內拖曳箭頭可以挖除模型，按下 Enter 鍵完成。

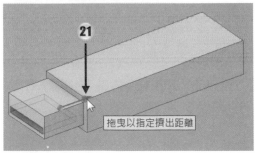

22. 完成一個簡易的隨身碟造型。

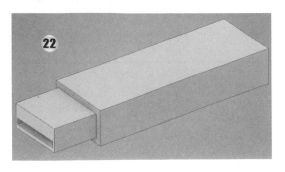

1-5 │ 專案設定

　　每次建立一個新案子，皆應該建立一個新專案，以方便管理所有的專案檔案。請讀者先在檔案總管建立一個新資料夾，命名為「inventor 範例檔」，並將光碟的範例檔複製至此資料夾。

操作說明　**專案設定**

1. 建立專案前，先點擊檔案右上角的打叉按鈕，關閉所有的檔案。

2. 點擊【開始】頁籤 →【專案】，
開啟專案視窗。

3. 在空白處，按下滑鼠右鍵 → 選擇【新建】。

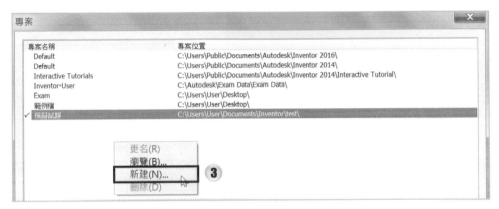

4. 點擊【下一步】。

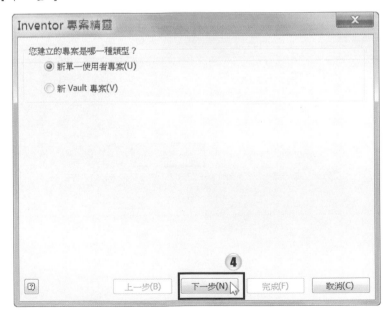

5. 設定專案檔名稱。

6. 點擊【 ... 】，設定專案檔儲存位置，也是預設工作區位置。

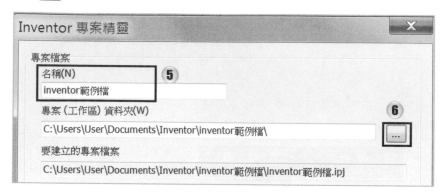

7. 專案位置選擇之前在檔案總管建立的「inventor 範例檔」資料夾，完成後點擊【確定】鍵。

8. 點擊【完成】，完成專案檔案的建立。

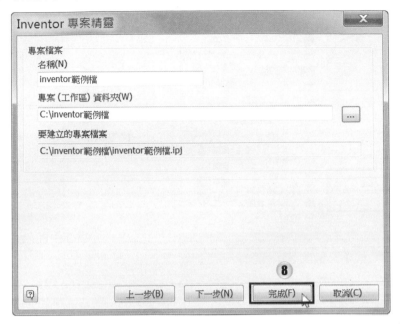

9. 展開【工作區】 → 在【工作區-】按下滑鼠右鍵 →【編輯】。

10. 工作區預設與專案檔案位置相同。若點擊【🔍】按鈕，可變更工作區位置。

11. 點擊【完成】，關閉專案視窗。

12. 【開始】頁籤 → 【啟動】面板 → 點擊【開啟】。

13. 預設的開啟檔案位置即工作區，且開啟組件檔時，會從工作區自動搜尋元件，減少自行尋找遺失檔案的情況。

操作說明 **常用子資料夾**

1. 我們可以在專案中建立子資料夾來做專案的管理。請先在檔案總管的【inventor 範例檔】專案資料夾中，新增資料夾，命名為「子資料夾」或其他的名稱。

2.　回到 Inventor 視窗，先點擊檔案右上角的打叉按鈕，關閉所有的檔案，再點擊
　　【專案】按鈕。

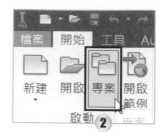

3.　在專案名稱前方有一個打勾，表示此為目前使用的專案。

4.　在別的專案上點擊滑鼠左鍵兩下，可以切換為目前使用專案。

5.　在【inventor 範例檔】專案名稱上再點擊左鍵兩下，切換回來目前的專案。

6. 在下方欄位中，在【常用的子資料夾】點擊右鍵，選擇【加入路徑】。

7. 點擊右側【🔍】瀏覽資料夾按鈕。

8. 選擇先前建立的子資料夾，點擊【確定】。需要注意子資料夾必須存在專案資料夾中。

9. 完成後，會顯示變更後的路徑。子資料夾名稱可自由變更，預設是「資料夾（Folder）」。

10. 點擊【儲存】，再點擊【完成】，完成常用子資料夾的設定。

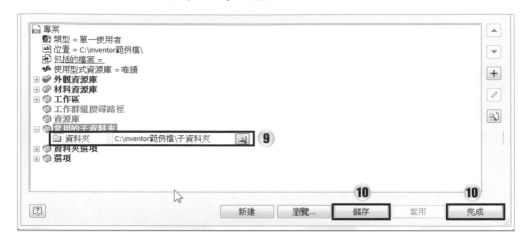

11. 點擊【開啟】按鈕，開啟檔案。

12. 常用子資料夾也會顯示在左側欄位，可快速切換。

1-6 │ 性質查詢與測量

本章節為零件的質量、重心查詢,以及距離測量...等零件資訊的相關功能,主要為針對考題作答時的各種查詢指令,此章節可需要查詢時再回來閱讀,沒有學習順序的問題。

操作說明　性質查詢

準備動作:請開啟光碟範例檔〈1-6_性質查詢.ipt〉

1. 在左側模型歷程(或稱作瀏覽器)最上方的零件名稱,點擊滑鼠右鍵→選擇【iProperty(性質)】。

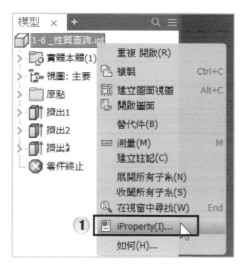

2. 切換到【實體】頁籤。

3. 點擊【更新】，就會顯示質量、重心等資訊。

4. 若需要更換單位，點擊【工具】頁籤 →【文件設定】。

5. 切換到【單位】頁籤。

6. 【質量】的下拉選單變更為【公克】，點擊【確定】關閉視窗。

7. 再次到左側模型歷程，在零件名稱上點擊右鍵 →【iProperty（性質）】。

8. 切換到【實體】頁籤。

9. 質量已經變更為公克（g）單位。若模型有變更才需要再次點擊【更新】。

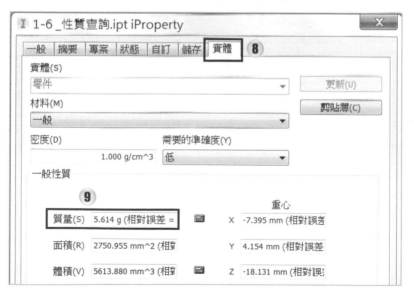

操作說明　測量

1. 延續上一個小節的檔案，在繪圖區中按下右鍵 → 選擇【測量】。

2. 點擊任意兩個點，可以測量最小距離與 XYZ 三個方向的距離。

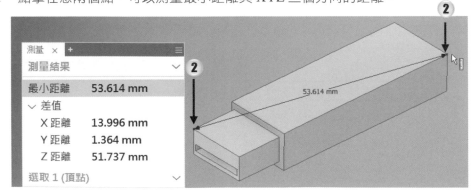

3.　在空白處點擊滑鼠左鍵取消選取。

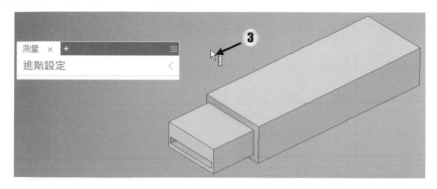

4.　選取邊可測量長度，選兩條邊可測量距離，在空白處點擊滑鼠左鍵取消選取。

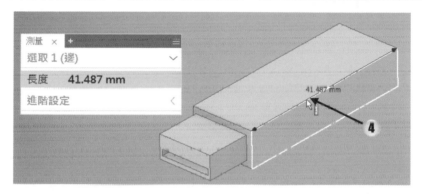

5.　選取一個面可以取得周長與面積，再選取第二個面可以取得兩面的夾角與最小
　　距離。按下 Esc 鍵結束測量指令。

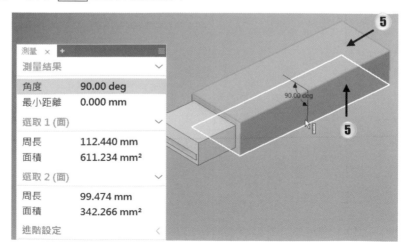

![模擬練習一] 模擬練習一

開啟 Inventor 專案檔案。

● 添加 Project_1 資料夾結構作為常用子資料夾路徑。

新路徑的精確名稱為何？（請以英文作答）

答：＿＿＿＿＿＿ ＼ ＿＿＿＿＿＿

在開放對話方塊的工作區中，常用的子資料夾項目下，最後一筆登錄資料名稱為何？

答：＿＿＿＿＿＿＿＿＿＿（請以英文作答）

2D 草圖繪製

本章介紹

本章介紹 2D 草圖繪製工具，以循序漸進的方式，配合圖片解說，帶領讀者學習線段、矩形、圓弧、圓角...等基本圖形繪製。

本章目標

在完成此一章節後，您將學會：

- 了解如何繪製基本圖形來完成草繪
- 能夠自由運用繪製工具來設計造型

2-1 │ 文字

開啟一個新的檔案,點擊【 Metric(公制) 】→【 Standard(mm) 】,點擊【 建立 】,
建立一個標準公制零件檔。

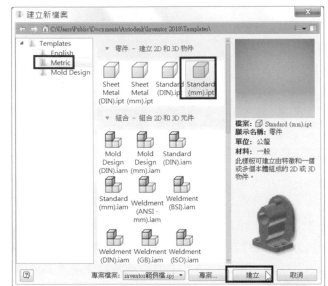

操作說明　　文字

---

1. 【草圖】頁籤 →【建立】面
    板 → 點擊【文字】。

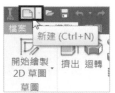

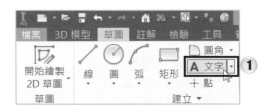

2. 點擊【XY 平面】，並在原點的位置按下滑鼠左鍵來放置文字。

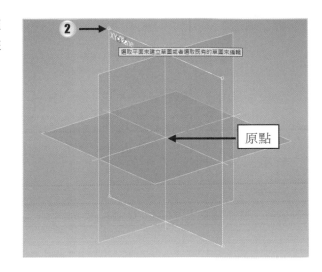

原點

3. 在文字欄位中輸入「ABC」，並將文字全部選取後，在文字高度欄位中輸入「20」。按下 Enter 鍵確定並關閉視窗。

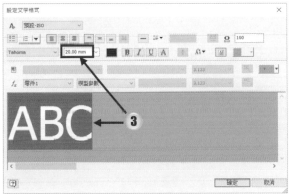

4. 按下 Esc 鍵結束指令，完成圖（滑鼠左鍵點擊文字兩下可以再次編輯）。

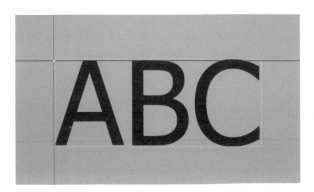

操作說明	圖形幾何文字

1. 延續上一小節檔案,點擊
   【草圖】頁籤 →【弧】下拉
   式選單 →【三點弧】。

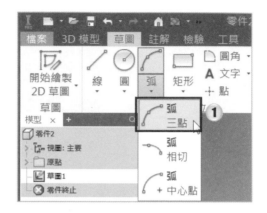

2. 任意位置點擊左鍵決定圓
   弧起點。

3. 滑鼠往右移動,點擊左鍵
   決定圓弧終點。

4. 滑鼠往上移動並點擊滑鼠
   左鍵決定弧的半徑。

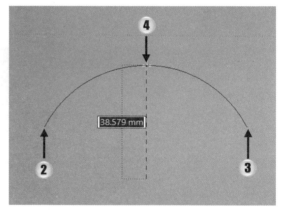

5. 點擊【草圖】頁籤 →【文
   字】下拉式選單 →【幾何
   圖形文字】。

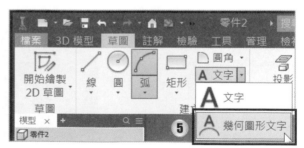

6. 點擊繪製的弧型線段作為
　　對齊的物件。

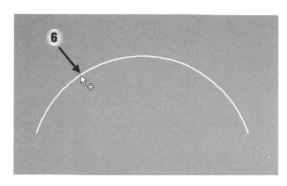

7. 在文字輸入欄位中輸入
　　「ABCDEFGHIJK」，選取
　　全部文字，在文字大小欄
　　位中輸入「10」，按下 Enter
　　鍵確定。

8. 完成圖。

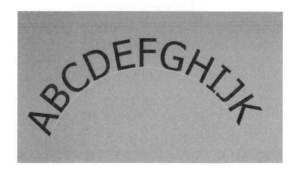

小秘訣　左鍵點擊文字兩下即可進入文字編輯模式，重新設定。

2-2 │ 矩形

操作說明　　兩點矩形

1. 點擊【草圖】頁籤 →【矩形】
   下拉式選單 → 點擊【兩點矩
   形】。

2. 點擊矩形的第一點，並往右下
   角移動點擊矩形的第二個點。

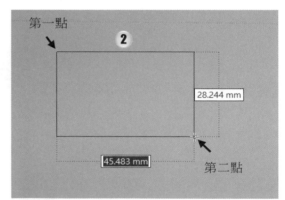

3. 完成兩點矩形繪製，按下
   Esc 鍵結束指令。

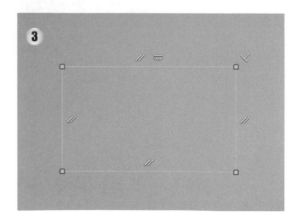

4. 點擊【草圖】頁籤→【矩形】下拉
式選單→點擊【兩點矩形】。

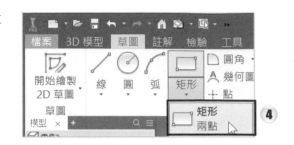

5. 點擊矩形的第一點。

6. 滑鼠往右上方移動決定矩形繪製
方向，輸入矩形長度「100」。

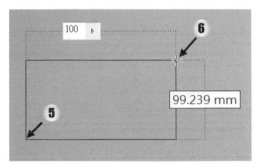

7. 按下 TAB 鍵會切換到寬度欄位，
且矩形長度欄位出現鎖頭（Lock）
的圖示。

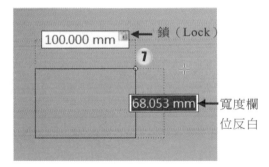

8. 輸入矩形寬度「60」，按下
Enter 鍵。

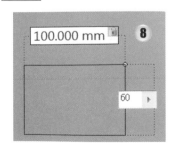

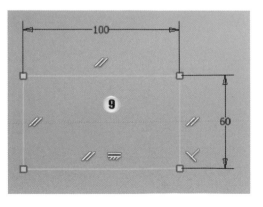

9. 完成圖。

操作說明　三點矩形

1. 點擊【草圖】頁籤 → 【矩形】
   下拉式選單 → 點擊【三點矩
   形】。

2. 點擊矩形的第一個點，將滑鼠
   往右移動到適當的寬度後點
   擊滑鼠左鍵。

3. 接著往上移動到適當的高度
   後點擊滑鼠左鍵確定矩形的
   高度。

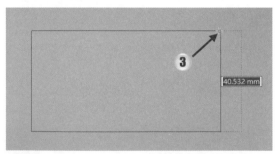

4. 完成三點矩形繪製。

操作說明　兩點中心點矩形

1. 任意的繪製一個圓，點擊
   【草圖】頁籤 →【矩形】下
   拉選單 → 點擊【兩點中心
   點矩形】。

2. 點擊圖的中心點決定矩形
   的中心，並將滑鼠往外移動
   到適當的位置後點擊滑鼠
   左鍵，繪製為出對稱的矩
   形。

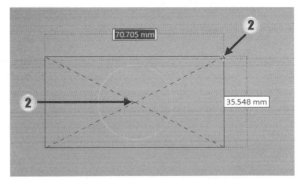

3. 完成兩點中心點矩形。

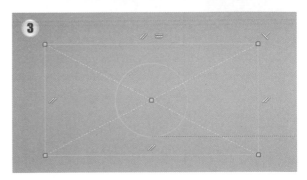

操作說明	三點中心點矩形

1. 點擊【草圖】頁籤 → 【矩形】
   → 點擊【三點中心點矩形】。

2. 點擊圓的中心點,決定矩形中
   心點,將滑鼠往右移動並點擊
   左鍵,確定矩形的長度。

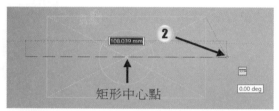

矩形中心點

3. 將滑鼠往上移動到適當的高
   度後點擊滑鼠左鍵,確定矩形
   的寬度。

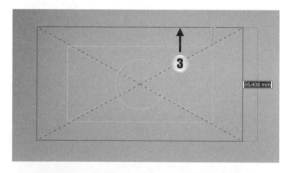

4. 完成圖。

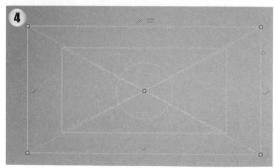

操作說明　多邊形

1. 任意的繪製一個圓。

2. 點擊【草圖】頁籤 → 【矩形】
   下拉式選單 → 點擊【多邊
   形】。

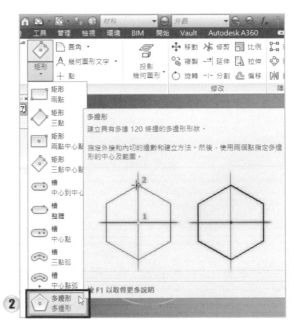

3. 點擊【內接】→ 並輸入「5」。
   （注意不要點擊【完成】）

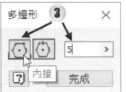

4. 點擊圓的中心點位置，並點擊
   圓的邊緣，多邊形會在圓的內
   部區域。

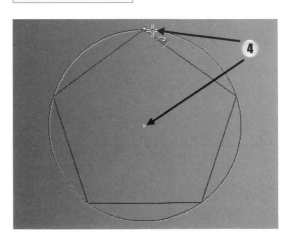

5. 內接圓完成圖。

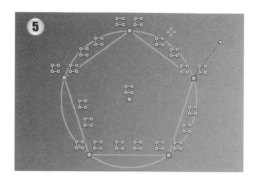

6. 切換至【外切】→ 並輸入「5」。

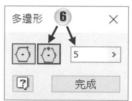

7. 點擊圓的中心點位置，並點擊圓的邊緣，多邊形會在圓的外側且相切。

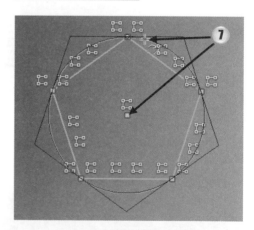

8. 點擊【完成】按鈕，圓外切多邊形完成，點擊功能區的【完成草圖】。

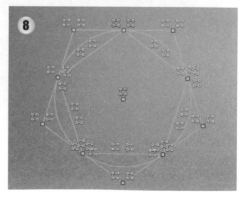

2-3 │ 雲形線

操作說明　雲形線

1. 建立一個新零件檔，點擊【草圖】頁籤 →【開始繪製 2D 草圖】，點【XZ 平面】作為繪製草圖的平面。

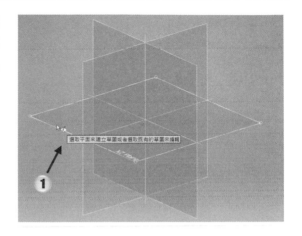

2. 點擊【草圖】頁籤 →【點】，每次點擊滑鼠左鍵可放置一個點，任意的繪製一個 W 形狀的點。

3. 點擊【草圖】頁籤 →【線】下拉式選單 →【雲形線(控制頂點)】。

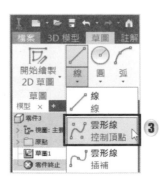

4. 點擊剛剛繪製 W 形狀的五個
控制點，將點連接。

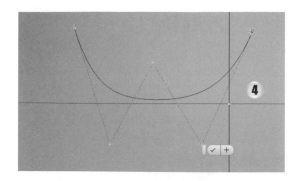

5. 點擊打勾【確定】，此種雲形
線段較為平滑。

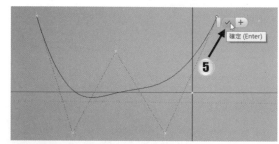

6. 完成雲形線的繪製。

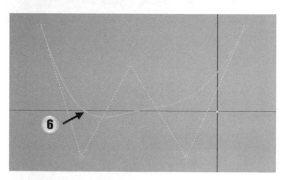

7. 點擊【草圖】頁籤 →【線】下
拉式選單 →【雲形線(插補)】。

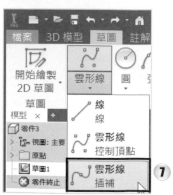

8. 點擊剛剛繪製 W 形狀的五個控制點，將點連接，完成後點擊【確定】。

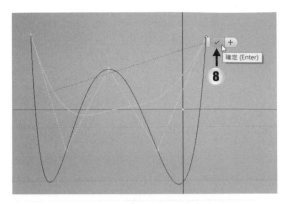

9. 完成雲形線的繪製，此種雲形線的線段會穿過繪製點，線段變化較大。

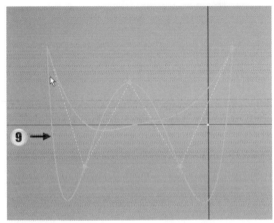

　【線】與【雲形線】指令在同一個下拉選單中，最後使用的指令會顯示在上方，因此使用過小提醒　【雲形線】後，【線】按鈕會變成【雲形線】按鈕。

2-4 | 圓、弧

操作說明　　圓

1. 點擊【草圖】頁籤 →【圓】下
   拉式選單 →【圓(中心點)】。

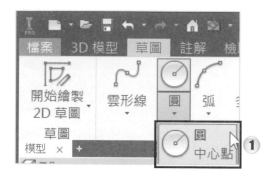

2. 在任意的位置點擊左鍵決定
   中心點，並往外移動，可移動
   滑鼠來確認圓的大小。

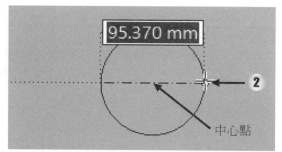

3. 或是輸入數值「200」，按下
   Enter 鍵決定圓的直徑。

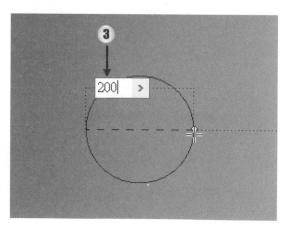

4.　完成圖。

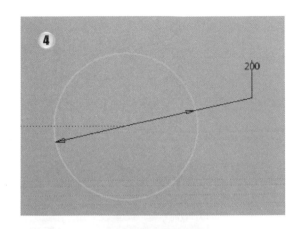

5.　點擊【線】指令，任意的繪製
　　一個三角形，點擊【草圖】頁
　　籤 →【圓】下拉式選單 →【圓
　　(相切)】。

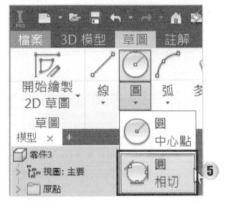

6.　依序點擊剛剛繪製的三角形
　　三個邊的線段。

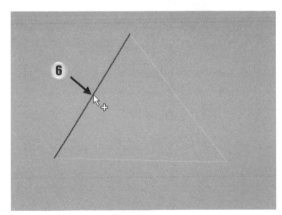

7. 完成相切圓，請注意三個相切記號。

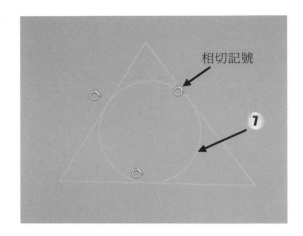

相切記號

7

8. 擊【草圖】頁籤 → 【圓】下拉式選單 → 【橢圓】。

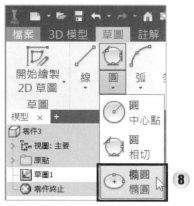

8

9. 任意的點擊左鍵決定中心點後，將滑鼠往右移動再點擊左鍵，繪製出橢圓的長軸。

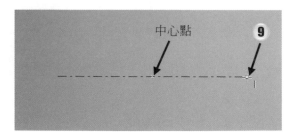

中心點

9

10. 將滑鼠往上再點擊左鍵，決定
橢圓短軸大小。

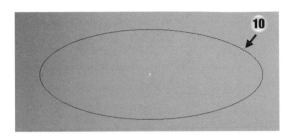

11. 完成橢圓的繪製。

操作說明　　**弧**

1. 點擊【線】指令，任意的繪製
一個三角形。

2. 點擊【草圖】頁籤 →【弧】下
拉式選單 →【弧(三點)】。

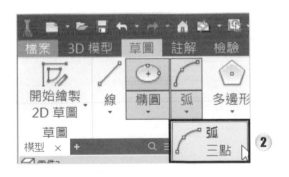

3. 點擊三角形的三個端點。

第三點可決定圓弧半徑

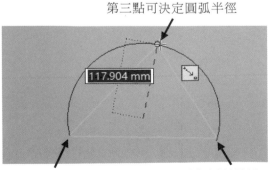

117.904 mm

3 第一點為圓弧起點　　　　第二點為圓弧終點

4. 完成三點弧繪製。

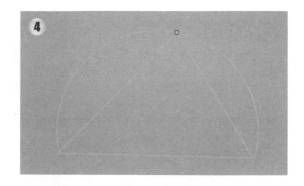

5. 點擊【線】指令，任意的繪製一條水平線。

6. 點擊【草圖】頁籤 →【弧】下拉式選單 →【弧(三點)】。

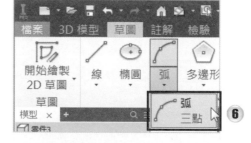

7. 點擊直線的左邊端點，再點擊直線的右邊端點，將滑鼠往上方移動，可以控制弧形的大小，確定後按下滑鼠左鍵。

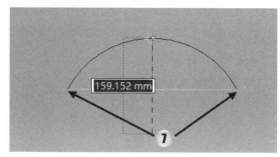

8. 完成第二種三點弧繪製。

9. 點擊【草圖】頁籤 →【弧】下
拉式選單 →【弧(中心點)】。

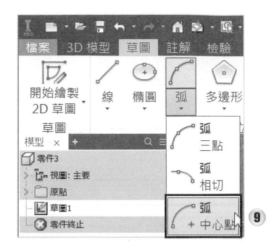

10. 點擊直線的中心點。

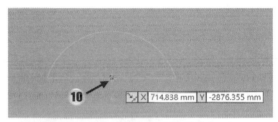

11. 將滑鼠往右移動到圓弧的半
徑位置後點擊滑鼠左鍵。

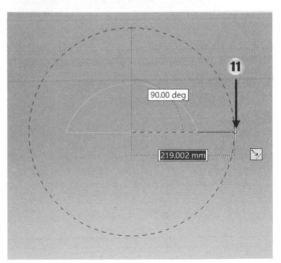

12. 可以往上或往下方畫出圓弧，確認弧長後按下滑鼠左鍵。

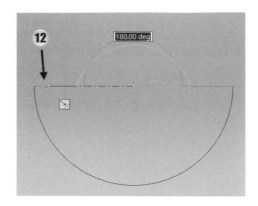

13. 按下 Esc 鍵，完成中心點弧的繪製。

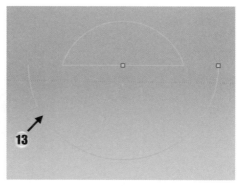

14. 一個草圖中有太多圖形，繪製圖形時會互相影響，可以框選所有練習的圖形，按下 Delete 鍵刪除，繼續新的草圖練習。

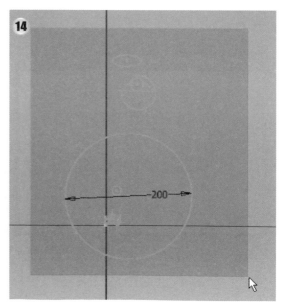

2-5 │圓角、倒角

操作說明　圓角

1. 點擊【草圖】頁籤 →【多邊形】的下拉式選單→【兩點矩形】。

2. 點擊原點 → 輸入「60」→ Tab 鍵，輸入「100」。

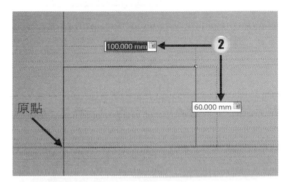

3. 按下 Enter 鍵，繪製一個長、寬為 100*60 的矩形，完成後按下 Esc 鍵，結束矩形指令。

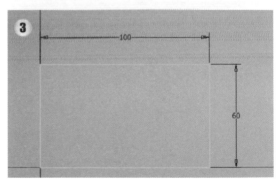

4. 點擊【草圖】頁籤 →【圓角】。

5. 輸入圓角的半徑值為「10」，
不要按 Enter 鍵。

6. 點擊要做出圓角的兩條線段。

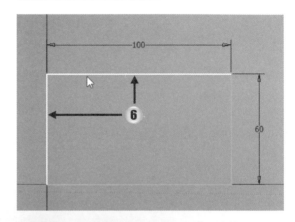

7. 兩線段間的直角變為 10mm 的
圓角。

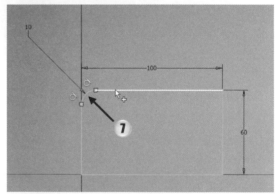

8. 點擊矩形的四個邊將矩形的
直角變為圓角。

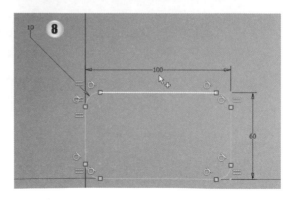

9. 按下 [Enter] 鍵、[Esc] 鍵或點擊小視窗的右上角打叉按鈕皆可以關閉 2D 圓角
視窗。完成圖。

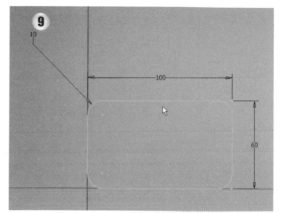

操作說明 倒角

1. 繪製一個長、寬為 100*60
的矩形。

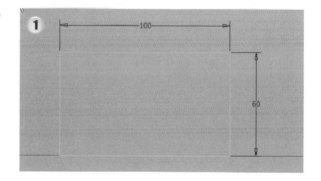

2. 點擊【草圖】頁籤 →【圓
角】下拉式選單 →【倒
角】。

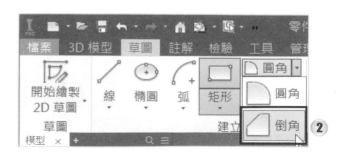

3. 點擊【等距】按鈕，距離
   輸入「10」。

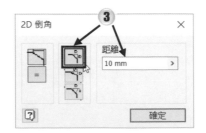

4. 點擊第一條線段和第二
   條線段。

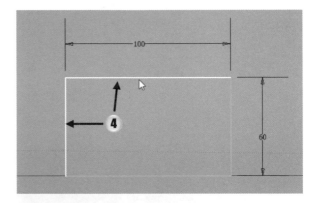

5. 完成等距的倒角。

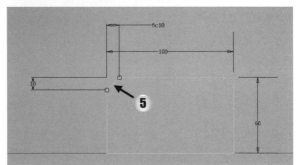

6. 點擊【不等距】倒角按鈕，
   距離 1 輸入「20」，距離
   2 輸入「5」。

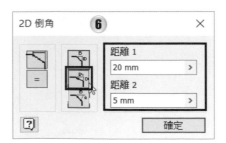

7. 先點擊上方線段，再點擊右側線段。

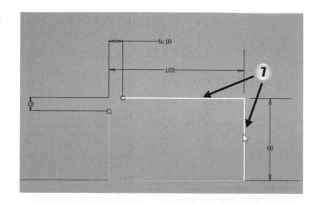

8. 完成圖。

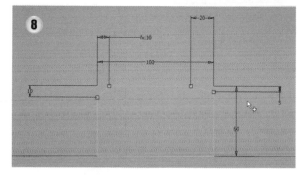

9. 點擊【距離與角度】倒角按鈕，距離輸入「20」，角度輸入「30」。

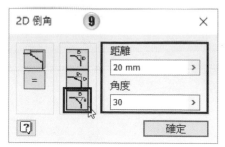

10. 點擊第一條線段,要當作
距離的線段。

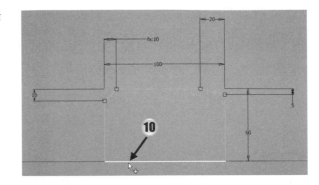

11. 點擊要製作倒角的第二
條線段。按下 Esc 鍵關
閉 2D 倒角視窗。

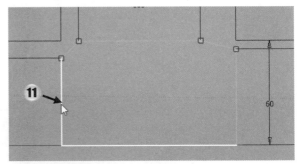

12. 完成圖。角度為第一條倒
角線段與斜邊的夾角。

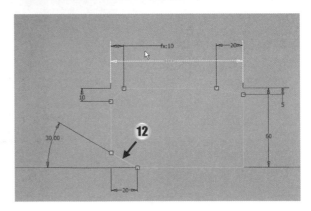

2-6 ｜線

開啟一個新的檔案，點擊【Metric(公制)】→【Standard(mm)】，點擊【建立】，建立一個標準公制零件檔。

操作說明　線

1. 點擊【草圖】頁籤→【開始繪製 2D 草圖】→【XZ】平面。

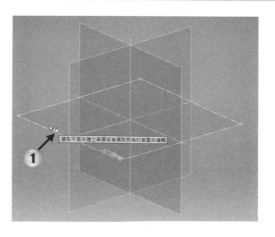

2. 點擊【草圖】頁籤 →【線】。

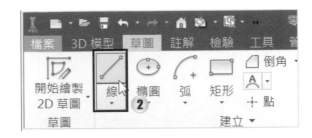

3. 點擊原點,滑鼠往右上方移動,輸入「100」為線段的長度。

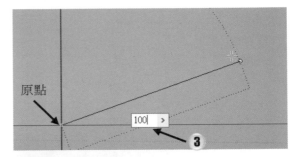

4. 按下 Tab 鍵,輸入「60」設定角度為 60 度,按下 Enter 鍵完成。按下 Esc 鍵結束線的指令。

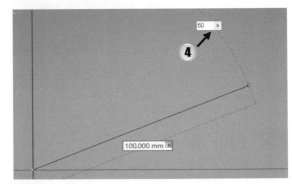

5. 完成圖。

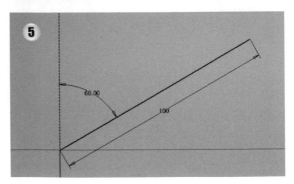

6. 點擊【草圖】頁籤 →【線】。

7. 點擊任意起始點位置，將滑鼠往右移動（出現約束圖示），並輸入「100」，按下 Enter 鍵。

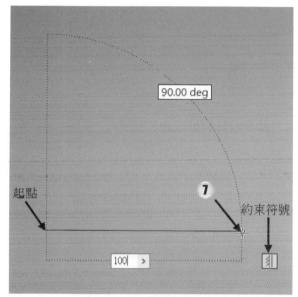

8. 將滑鼠往上移動（出現互垂約束），並輸入「60」，按下 Enter，繪製出矩形的寬為 60。

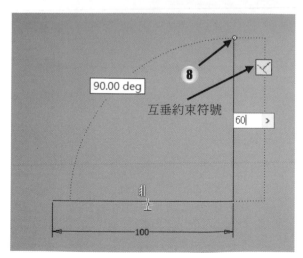

9. 將線段往左移動並輸入「100」。

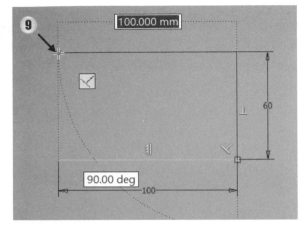

10. 按下滑鼠右鍵，點擊【關閉】，可將矩形的線段封閉。

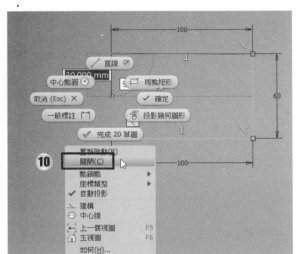

11. 完成矩形的繪製，點擊功能區的【完成草圖】。

小秘訣 繪製直線時，按下 Enter 鍵結束線段後，還能繼續繪其他直線。按下 Esc 鍵則是直接結束直線指令。

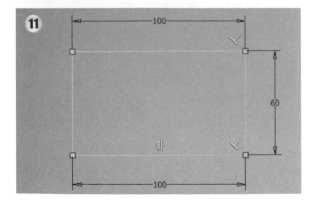

2-7 │ 投影幾何圖形

將物件的頂點、邊、基準面...等投影至目前草圖平面。

請開啟光碟中的範例檔〈2-7_投影幾何圖形.ipt〉。

操作說明　投影幾何圖形

1. 點擊【3D 模型】頁籤 → 【開始繪製 2D 草圖】。

2. 點擊物件的上方平面，當作草圖平面。

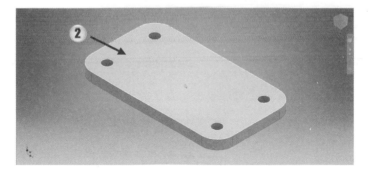

3. 點擊【草圖】頁籤 → 【建立】面板 → 【投影幾何圖形】。

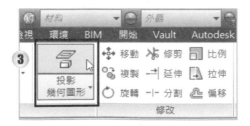

4. 點擊物件上方為要投影的平面。

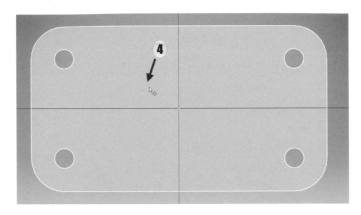

5. 物件會自動偵測到全部的輪廓，投影到目前的草圖平面，完成後點擊【完成草圖】。

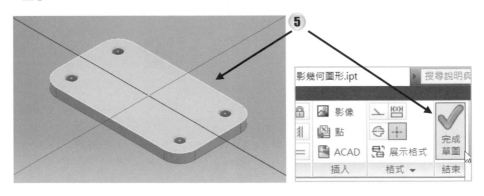

6. 點擊【3D 模型】頁籤 →【建立面板】→【擠出】。

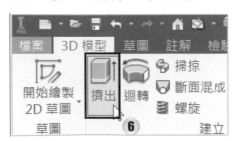

7.　點擊輪廓內側區域，如圖所示。

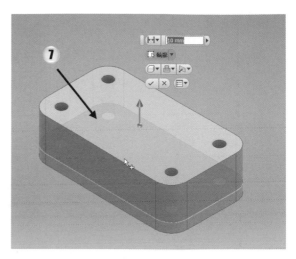

8.　設定距離為「5mm」，完成後按下【確定】。

9.　完成圖，由建立的投影幾何圖形產生新的厚度。

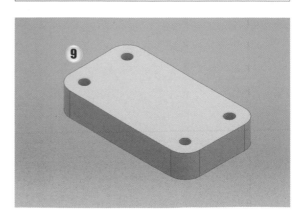

| 操作說明 | 投影切割邊 |

準備動作：請開啟光碟中的範例檔〈2-7_投影切割邊.ipt〉。

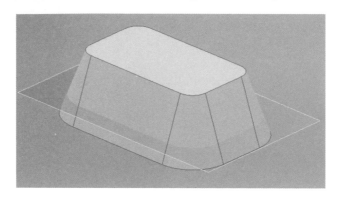

1. 點擊【3D 模型】頁籤→【開始繪製 2D 草圖】。

2. 點擊工作平面 1。

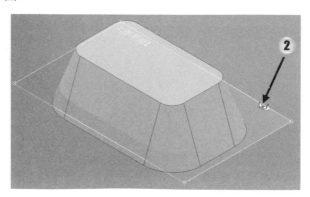

3. 點擊【草圖】頁籤 →【投影幾何圖形】下拉式選單 →【投影切割邊】，此時模型與工作平面 1 的相交處，已經產生一個切割邊。

4. 點擊右上角視圖方塊的小房子，切換到主視圖來檢視模型。

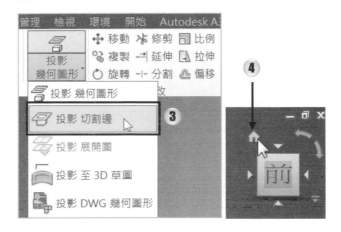

5. 完成圖。

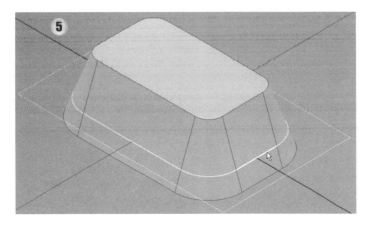

2-8 | 3D 草圖的相交曲線

請開啟光碟中的範例檔〈2-8_ 3D 草圖的相交曲線.ipt〉。

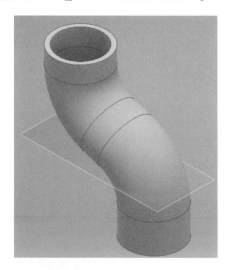

| 操作說明 | 草圖的相交曲線 |

1. 點擊【3D 模型】頁籤 →【開始繪製 2D 草圖】下拉式選單 →【開始繪製 3D 草圖】。

2. 點擊【繪製】面板 →【相交曲線】。

3. 點選模型曲面，如圖所示。

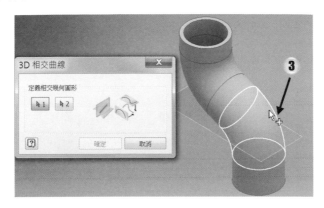

4. 再點選工作平面 1，點擊【確定】按鈕。

5. 成功建立曲面與工作平面的相交曲線，如圖所示。

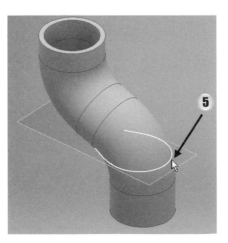

2-9 │ 草圖選取

操作說明　草圖拖曳

準備動作：請開啟光碟範例檔〈2-9_草圖選取.ipt〉

1.　在模型歷程中，在【草圖 1】點擊左鍵兩下，可以編輯草圖。

2.　草圖有兩種顏色，紫色表示已經被約束的，綠色表示還未被約束的。（本書顏色皆以 Inventor 預設設定為主，若有修改介面顏色，則會與本書顏色不符合）

3.　圓形為綠色。以滑鼠左鍵拖曳圓形，可以調整大小。

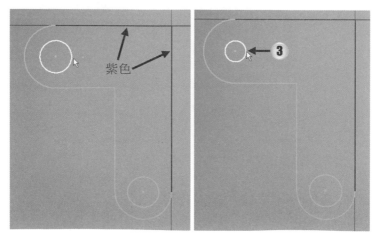

4. 以滑鼠左鍵拖曳直線，可以調整位置，完成如右下圖。

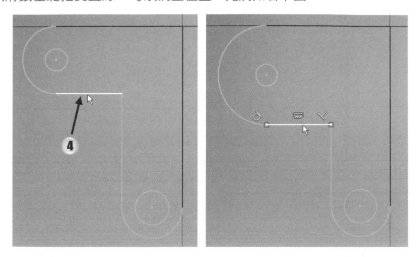

5. 按下 $\boxed{\text{Esc}}$ 鍵取消選取，以滑鼠左鍵拖曳點，可以調整位置。點兩側的線段有水平約束與垂直約束，因此不會變成斜線。(草圖約束在下一章節有詳細介紹)

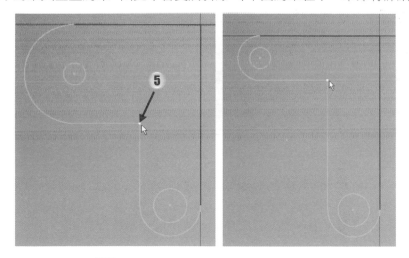

6. 可先點擊下方的【 ⤡ 】按鈕，開啟放鬆模式。

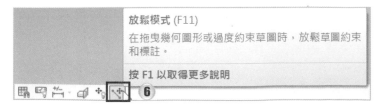

7. 再以滑鼠左鍵拖曳點，線段可修改為斜線，但約束會被刪除。

8. 再次點擊【 ↙ 】按鈕，關閉放鬆模式。

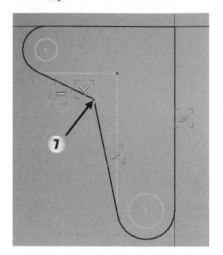

操作說明　草圖選取

1. 滑鼠停留在線段上，線段呈現白色亮顯，此為預覽將要選到的物件。

2. 以滑鼠左鍵點選線段後，線段變成藍色，表示已選取。

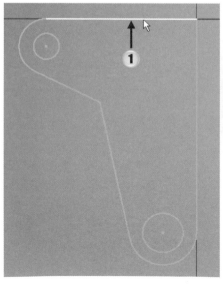
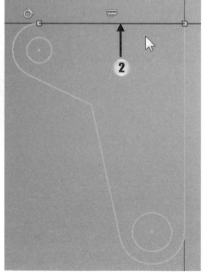

3. 按住 Ctrl 或 Shift 鍵，再點選另一條線段，可以加選，再點擊一次則退選。

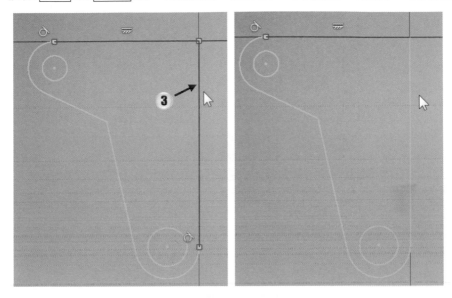

4. 由右往左按住滑鼠左鍵框選，碰到綠色框或框內的線段皆會被選取，完成如右下圖。

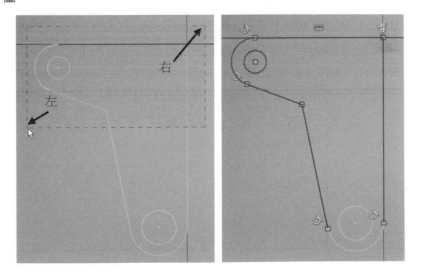

5. 由左往右按住滑鼠左鍵框選，在紅色框內的線段才會被選取，完成如右下圖。

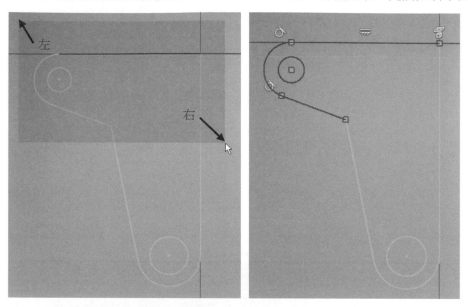

6. 按住 Shift 鍵，再框選下方線段，可以加選，完成如右下圖。按住 Ctrl 鍵框選未選取線段會加選，框選已選取線段則是退選。

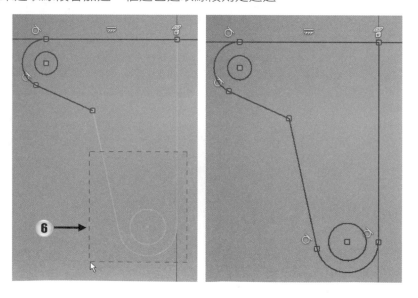

操作說明　選取拘束

1.　點選水平線段，會出現此線段的拘束圖示。

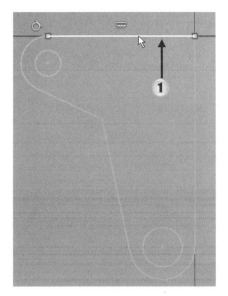

2.　滑鼠左鍵點選水平拘束，圖示變紅色表示被選取，如左下圖。按下 Delete 鍵刪除拘束，如右下圖。

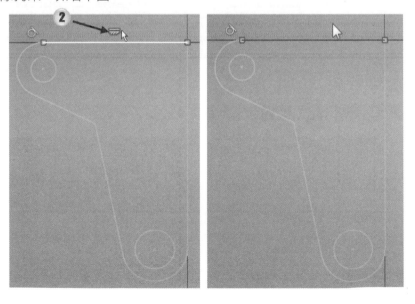

3. 按下 Esc 鍵取消選取線段,再以滑鼠左鍵拖曳點,線段就會變成斜線。

操作說明　刪除草圖

1. 點擊功能區的【完成草圖】,結束草圖編輯。

2. 在【草圖 1】上點擊滑鼠右鍵→選擇【刪除】,可刪除草圖,也可以直接按下 Delete 鍵刪除。按下 Ctrl + Z 可以復原。

按下 Ctrl + Z 可以復原上一步驟,按下 Ctrl + Y 則是重做步驟。

小秘訣

2-10 │ 修剪與延伸

操作說明　修剪

開啟光碟中的範例檔〈2-10_修剪與延伸.ipt〉。

1. 滑鼠左鍵點擊兩下【草圖1】，編輯草圖1，找到修剪1文字的圖。

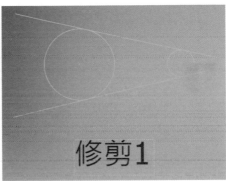

2. 點擊【草圖】頁籤→【修改】面板→【修剪】指令。

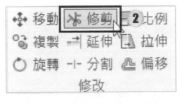

3. 點擊大圓左側的線段，可將凸出的線段修剪。

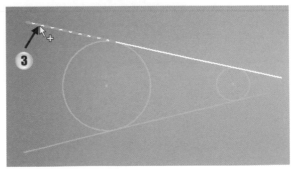

4. 依此類推，點擊其他圓形外側的線段作修剪。

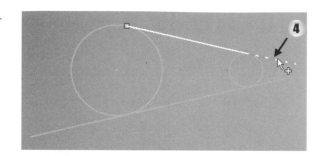

5. 完成圖。

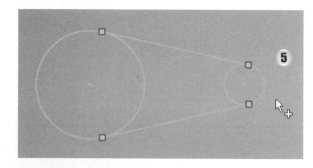

6. 點擊大圓右半邊，以及小圓左半邊來修剪線段。

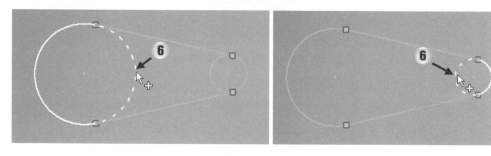

7. 完成圖。

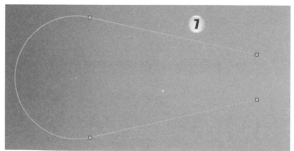

8. 找到修剪 2 文字的圖。在空白處按住滑鼠左鍵。

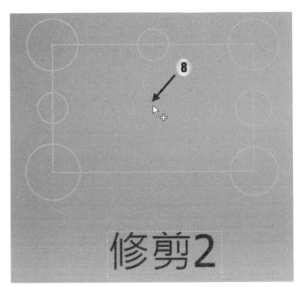

9. 移動滑鼠穿過線段，通過的線段會被修剪。

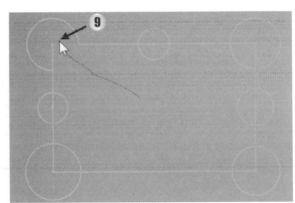

10. 按住滑鼠左鍵不放，如圖所示，移動滑鼠修剪其他線段，完成後按下 Esc 鍵結束修剪指令。

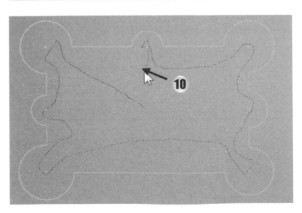

操作說明 延伸

1. 找到延伸 1 文字的圖。點擊【延伸】
指令。

2. 點擊上面線段的左側,可延伸線段
到大圓。

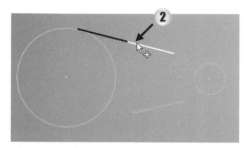

3. 點擊線段的右側,可延伸線段到小
圓。

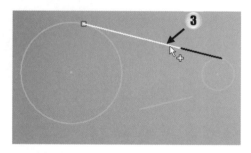

4. 依此類推,完成下方線段的延伸。

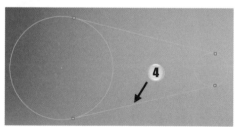

5. 找到延伸 2 文字的圖。滑鼠放在如圖
   所示的空白處。

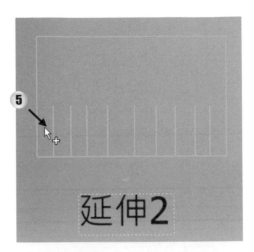

6. 按住滑鼠左鍵往右移動，穿過的線
   段會被延伸到下一條線段 。 按下
   Esc 鍵結束延伸指令。

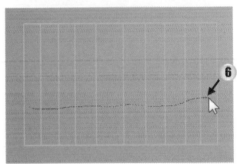

2-11 | 偏移

開啟光碟中的範例檔〈2-11_偏移.ipt〉。

1. 滑鼠左鍵點擊兩下【草圖1】，編輯
    草圖1。

2. 點擊【草圖】頁籤→【修改】面板→
    【偏移】指令。

3. 點擊線段。

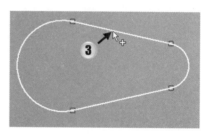

4. 滑鼠往內移動，可以往內偏移，每一
    處的偏移間距皆相等，點擊滑鼠左鍵
    確定偏移位置。

5. 按下 Esc 鍵結束偏移指令，完成圖。

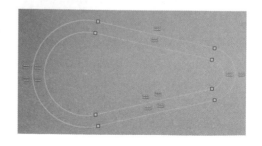

模擬練習一

使用標準 Standard (mm).ipt 樣板建立一個新檔案。

- 使用矩形工具在原點平面上著手進行一個草圖。

- 選擇第一個點，然後移動游標到一側。

- 第一側的值輸入 50。

哪一個鍵盤鍵能用來在這兩個草圖標註值間進行輸入切換？

答：_____

 模擬練習二

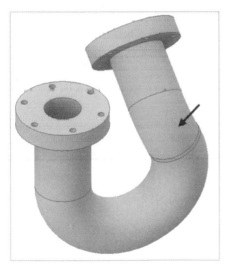 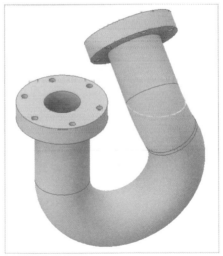

開啟 Tube.ipt。

- 使用 3D 草圖，在左圖所示的曲面和自訂 UCS1 XZ 平面間建立一相交曲線。右圖所示為您應建立的曲線。

此迴路的長度為多少公釐？

答：##.### mm

 模擬練習三

從標準 Standard (mm).ipt 樣板建立一個新檔案。

- 建立新草圖。

- 啟動矩形工具並點選第一點。

- 矩形第一側的值輸入 100 mm。

- 按下用來在這兩個草圖標註值間進行輸入切換的鍵。

顯示在值 100 mm 旁的符號為何？

答：＿＿＿＿＿＿＿＿＿（請以英文作答）

CHAPTER 3

2D 草圖編輯與約束

本章介紹

要製作完善的 2D 草圖，必須倚靠尺寸標註與約束條件來結合與詮釋草圖的線條，這是非常重要的設計環節。本章學習 2D 草圖圖形之間的約束與標註，包括重合、水平、垂直、相切、距離標註、角度標註等等常用的約束設定。

本章目標

在完成此一章節後，您將學會：

- 完成所有草圖約束操作
- 能夠標註草圖，使草圖完全拘束

3-1 │ 草繪約束 1

開啟一個新的檔案，點擊【Metric(公制)】→【Standard(mm)】→【建立】，建立一個標準公制零件檔。

| 操作說明 | 重合、共線、水平、垂直、固定約束 |

1. 點擊【3D 模型】頁籤 →【草圖】
   面板→【開始繪製 2D 草圖】。

2. 點擊【XZ】平面。

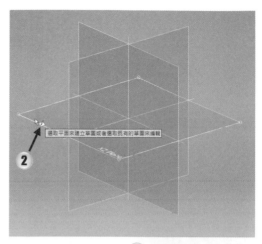

3. 點擊右上方的方向鍵，將方位調整到字樣的位置為正確的方向，如圖所示。

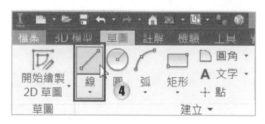

4. 點擊【草圖】頁籤 → 【建立】面板 → 點擊【線】。

5. 繪製三條任意的歪斜線段，如圖所示。(注意繪製線段時不要出現任何約束)

6. 點擊【草圖】頁籤 →【約束】面板 → 點擊【重合約束】。

7. 點擊第一條線段的端點，再點擊第二條線段的端點，將兩條線結合在一起。

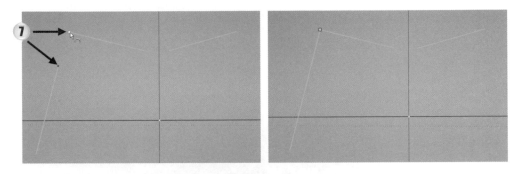

8. 點擊【草圖】頁籤 →【約束】面板 → 點擊【共線約束】。

9. 點擊兩條橫向線段，將兩條線段維持在同一直線上。

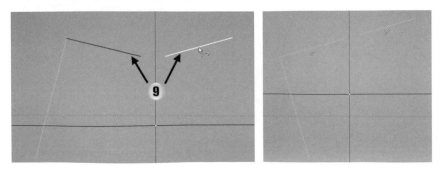

10. 點擊【草圖】頁籤 →【約束】面板 → 點擊【水平約束】。

11. 點擊要成為水平線段的基準線，如圖所示。

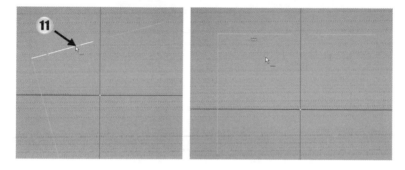

12. 點擊【草圖】頁籤 →【約束】面板 → 點擊【垂直約束】。

13. 點擊要垂直物件的線段，如圖所示。

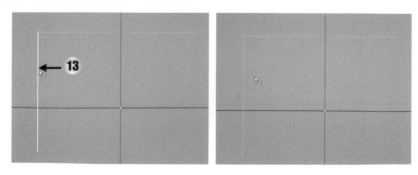

14. 點擊【草圖】頁籤 → 【約束】面
板 → 點擊【固定】。

15. 點擊垂直線段端點,則可以將線
段上鎖,線段將會被固定,按下
Esc 鍵結束固定約束的指令。

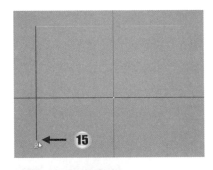

16. 點擊線段端點,會出現目前擁有
的約束圖示,再點擊鎖頭圖示。

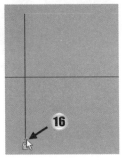

17. 按下 Delete 鍵,刪除鎖頭圖示,
解除約束。

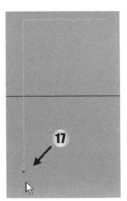

3-2 │ 草繪約束 2

　同心圓、相切、相等、互垂、平行約束

1. 延續上一個小節的檔案。點擊
   【草圖】頁籤 →【建立】面板 →
   點擊【圓】。

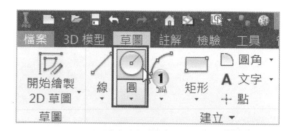

2. 任意的繪製兩個一大一小的
   圓，如圖所示。

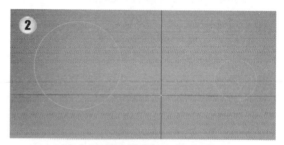

3. 點擊【草圖】頁籤 →【約束】
   面板 → 點擊【同圓心約束】。

4. 點擊大的圓，再點擊小的圓。

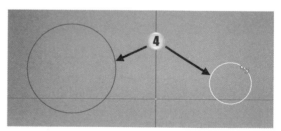

5. 兩個圓會重疊在一起，圓心會在同一個位置。

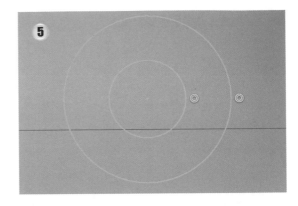

6. 在圓的右下角再繪製一個圓，並在上下兩側分別繪製兩條線段，如圖所示。

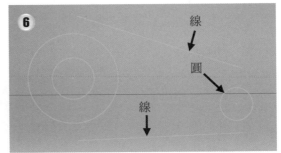

7. 點擊【草圖】頁籤 →【約束】面板 → 點擊【相切約束】。

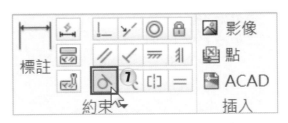

8. 點擊大圓，並再點擊線段，如圖所示，可以使圓與線段相切。

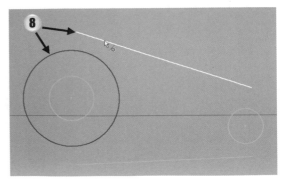

9. 繼續點擊圓跟線段，將所有的線段跟圓作相切。

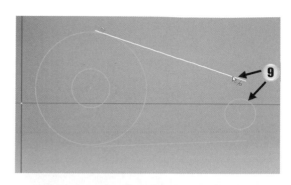

10. 完成同圓心約束與相切約束。若直線太長或太短，無法連接到圓形，可使用修剪或延伸指令來修改。

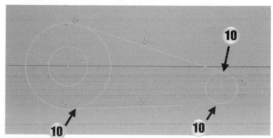

11. 繼續繪製兩個圓，如圖所示。

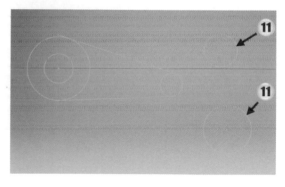

12. 點擊【草圖】頁籤 → 【約束】面板 → 點擊【相等約束】。

13. 點擊第一個小圓再點擊第二
    個小圓,在點擊第一個小圓跟
    第三個小圓,此時三個圓形半
    徑將相等。

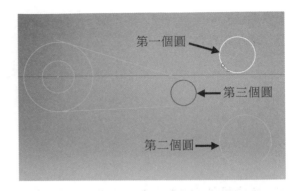

14. 完成相等約束。

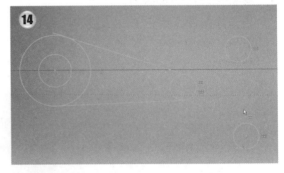

15. 繪製一條斜線,如圖所示。

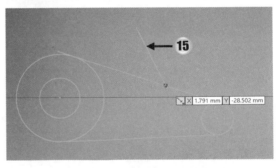

16. 點擊【草圖】頁籤 →【約束】
    面板 → 點擊【互垂約束】。

17. 點擊要互相垂直的兩個線段，如圖所示。

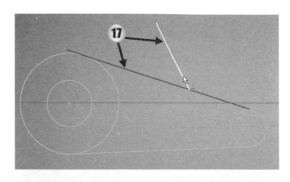

18. 兩條線段互相垂直，夾角 90 度，完成圖。

19. 在圖的下方任意的繪製一條線段，並利用互垂約束將線段作互相垂直。

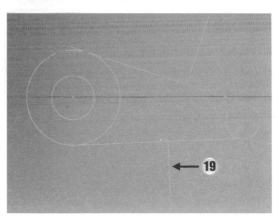

20. 點擊【草圖】頁籤 →【約束】面板 → 點擊【標註】。

21. 點擊兩線段，在適當位置點擊
左鍵放置標註，若出現視窗請
選擇【接受】，可以量測兩線
段的角度是否垂直。

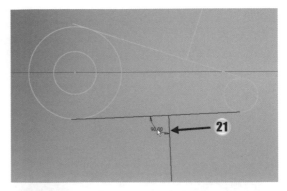

22. 再繪製兩個線段分別在兩垂
直線段的右側稍微傾斜，如圖
所示。

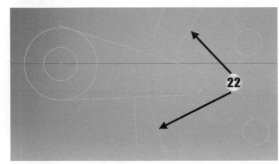

23. 點擊【草圖】頁籤 →【約束】
面板 → 點擊【平行約束 ∥ 】。

24. 點擊兩條線段。

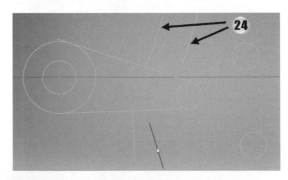

25. 同理，點擊下方的兩條線段，
使兩線段平行。點擊功能區的
【完成草圖】。

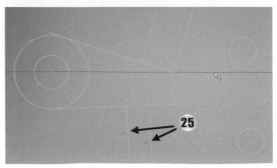

3-3 │ 草繪約束 3

開啟一個新的檔案，點擊【Metric(公制)】→【Standard(mm)】→【建立】，建立一個標準公制零件檔。

操作說明　平滑、對稱約束

1. 點擊【3D 模型】頁籤 →【草圖】面板 →【開始繪製 2D 草圖】。

2. 點擊【XZ】平面，作為繪製草圖的平面。

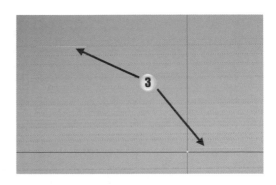

3. 任意的繪製兩條平行 Z 軸的線段，如圖所示。

4. 點擊【草圖】頁籤 →【建立】面板 → 線的下拉式選單中點擊【雲形線插補】。

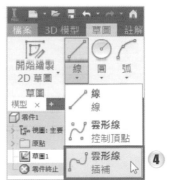

5. 點擊上方線段端點，在中間位置點擊一點，再連接下方線段的端點並打勾。

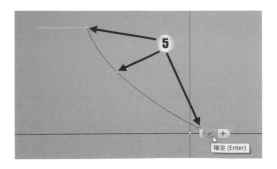

6. 點擊【草圖】頁籤 →【約束】面板 →【平滑】。

7. 點擊雲形線段，再點擊上方的水平線段。

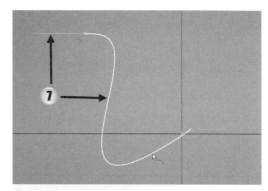

8. 繼續點擊雲形線段，再點擊下方水平線段。

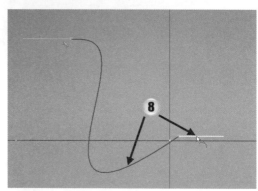

9. 雲形線會與兩端線段呈現相切平滑。

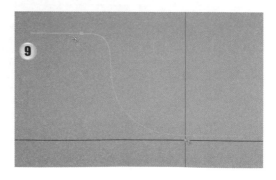

10. 在線段的下方繪製一條水平線段，如圖所示。

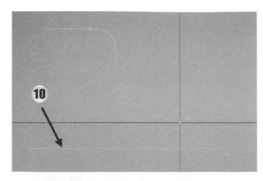

11. 選取此水平線段，按下滑鼠右鍵，點擊【中心線】，將線段轉變成中心線。

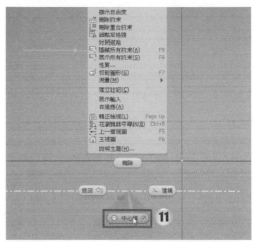

12. 在上方線段的端點繪製一個圓，並在中心線下方也繪製一個圓。

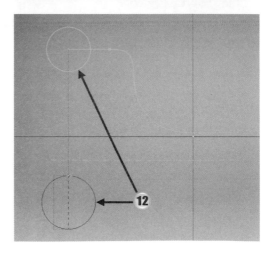

13. 點擊【草圖】頁籤 →【約束】面板 →【對稱】。

14. 點擊上下兩個圓,再點擊中心線。

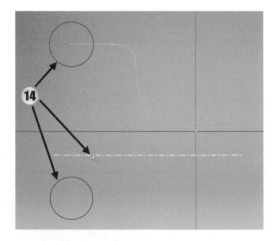

15. 兩個圓將會成為對稱的模式,完成圖。可拖曳其中一側的圓心或圓形,兩側的圓會同時變動。

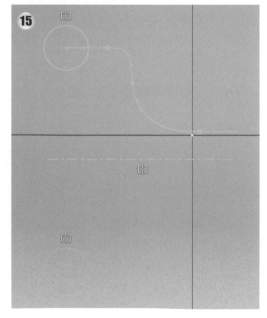

3-4 │ 標註

操作說明　距離標註

1. 請開啟光碟中的範例檔〈3-4_距離標註.ipt〉。在模型樹中，選取【草圖 1】，按下滑鼠右鍵 → 點擊【編輯草圖】。

2. 點擊【約束】面板 →【標註】。

3. 移動滑鼠左鍵點選矩形上方的線段，再點擊左鍵確定標註位置。

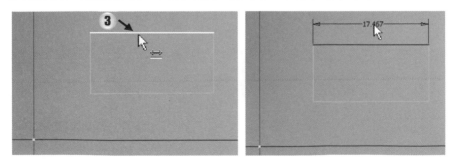

4. 在標註上點擊滑鼠左鍵編輯標註，輸入長度尺寸「20」，按下 Enter 鍵。

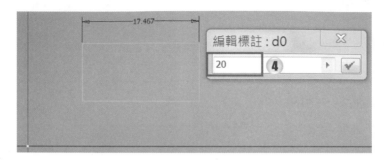

5. 同理，點選矩形右側的線段，再點擊滑鼠左鍵確定標註位置。在標註上點擊滑鼠左鍵，輸入長度「10」，按下 Enter 鍵。

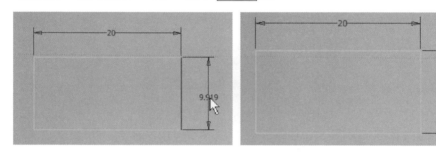

 正在執行【標註】指令時，滑鼠左鍵點擊尺寸一次可以編輯。沒有執行【標註】指令時，左鍵點擊兩次才可以編輯。

小秘訣

6. 點選矩形下方的線段，再點擊原點。

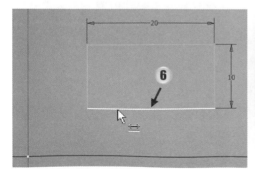
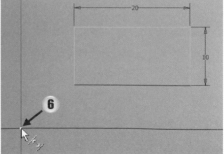

7. 點擊滑鼠左鍵確定標註位置。修改距離尺寸「10」，按下 Enter 鍵。

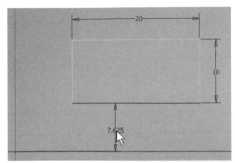 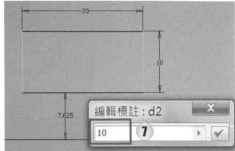

8. 同理，點選矩形左側的線段，再點擊原點。

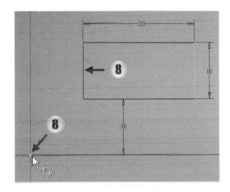

9. 點擊滑鼠左鍵確定標註位置。修改距離「5」，按下 Enter 鍵。

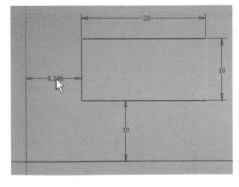 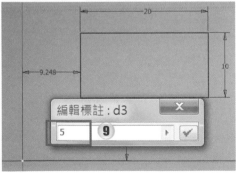

10. 完成圖。

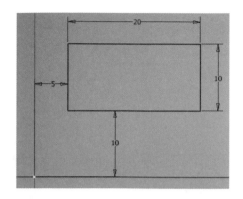

操作說明　半徑與直徑標註

1. 請開啟光碟中的範例檔〈3-4_半徑與直徑標
   註.ipt〉。在模型樹中，選取【草圖 1】，按
   下滑鼠右鍵 → 點擊【編輯草圖】。

2. 點擊【約束】面板 →【標註】。

3. 移動滑鼠左鍵點選右側圓弧，再點擊左鍵確定標註位置。

4. 在標註上點擊滑鼠左鍵，修改半徑尺寸「5」，按下 Enter 鍵。非封閉圓弧，預設類型為半徑標註。

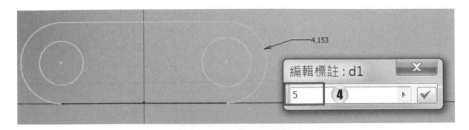

5. 同理，點選右側的圓形，再點擊滑鼠左鍵確定標註位置。

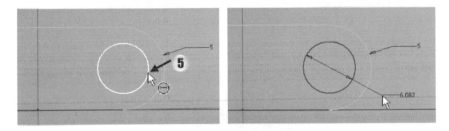

6. 修改直徑「3」，按下 Enter 鍵。封閉圓形預設為標註直徑。

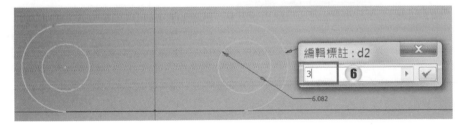

7. 點選左側圓形。

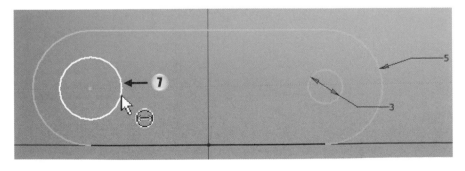

8. 按下滑鼠右鍵 →【標註類型】→【半徑】。

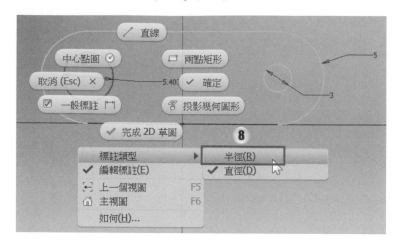

9. 點擊滑鼠左鍵確定標註位置。修改半徑「2」，按下 Enter 鍵，可將圓形標註半徑尺寸。

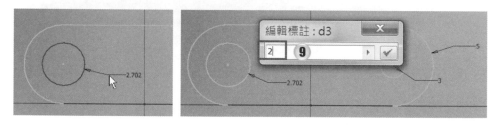

10. 完成圖。

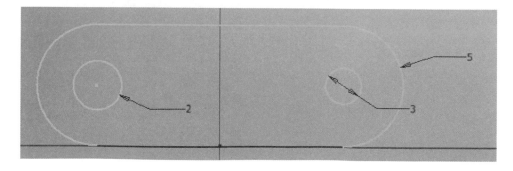

操作說明　角度標註

1. 請開啟光碟中的範例檔〈3-4_角度標註.ipt〉。
   在模型樹中，選取【草圖 1】，按下滑鼠右鍵
   →點擊【編輯草圖】。

2. 點擊【約束】面板 →【標註】。

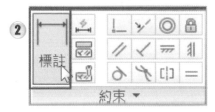

3. 按下滑鼠左鍵點選兩條線段，如左圖。滑鼠移動到線段之間，再點擊左鍵確定
   標註位置，如右下圖。

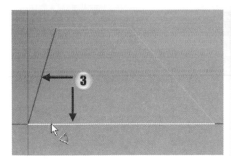
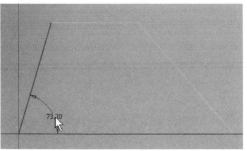

4. 在標註上點擊滑鼠左鍵，修改角度
   尺寸「60」度，按下 Enter 鍵。

5. 同理，點選兩條線段，如圖所示。

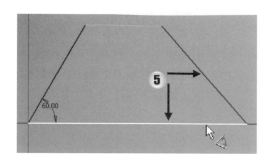

6. 滑鼠移動到線段外側，再點擊左鍵
   確定標註位置，可標註外側角度。

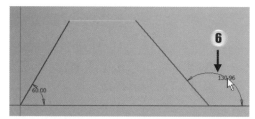

7. 修改角度「100」度，按下 Enter 鍵。

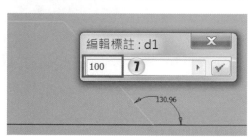

8. 完成圖。

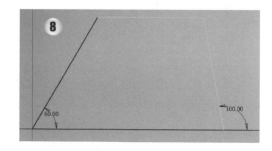

模擬練習一

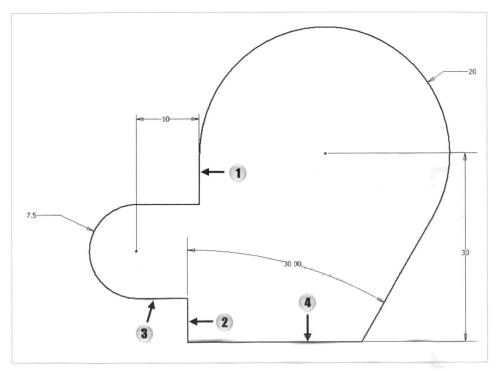

開啟 Sketch-Definition.ipt。

● 啟用草圖 1（Sketch1）以編輯。

● 為了完整約束草圖，加入兩個幾何約束以強制段（1）與段（2）共線，段（2）
　 與段（3）相同長度。

完成後，段（4）的長度為何？

答：##.### mm

模擬練習二

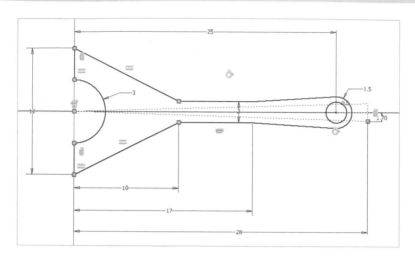

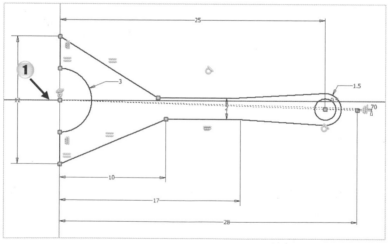

開啟 Tool.ipt。

- 啟用草圖 1 以編輯。草圖已被完全約束，且此建構幾何圖形代表著在極度使用下的最大預期撓曲。

- 使用放鬆模式，將圖的右側圓的中心點約束至下方的建構幾何圖形。

從弧（1）中心到圓中心的差異 Y 值為何。

答：#.### mm

模擬練習三

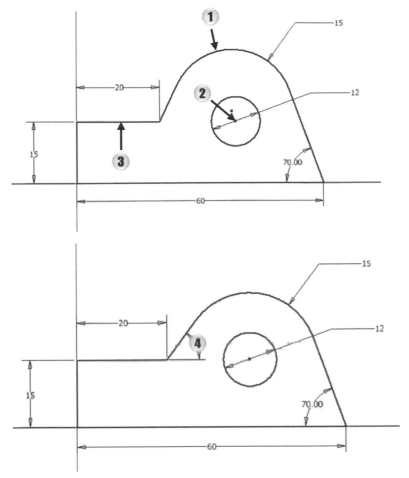

開啟 Sketch-Definition2.ipt。

- 啟用草圖 1（Sketch1) 以編輯。

- 為了要完整約束草圖：

  - 加入一幾何約束以強制弧段（1）與圓（2）中心共享同一個中心點。

  - 加入一幾何約束以強制線段（3）與點（2）為重合。

完成後，介於這兩段的角度（4）為何？

答：##.## deg

CHAPTER 4

零件建模指令

本章介紹

本章開始要進入 3D 模型實體建模，包括擠出、迴轉、圓角、孔..等等，此為工作上常須使用到的建模方式，請讀者務必勤加練習，熟悉這些實體指令，這是從事產品或工業設計必須具備的重要技能。

本章目標

在完成此一章節後，您將學會：

- 了解各建模指令的使用方式
- 完成本章所有的零件建模操作
- 靈活運用建模指令來產生目標造型

4-1 │擠出

開啟一個新的檔案，點擊【Metric（公制）】→【Standard（mm）】→【建立】，
建立一個標準公制零件檔。

操作說明 **擠出**

---

1. 點擊【3D 模型】頁籤 →【開始繪製
   2D 草圖】。

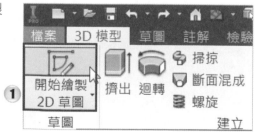

2. 點擊【XZ 平面】。

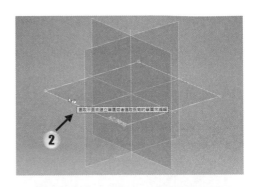

3. 點擊【草圖】頁籤 →【建立】面板 →
   【矩形】

4. 點擊原點後，輸入矩形的尺寸「30」，
   按下 [Tab] 鍵，再輸入「50」，按下
   [Enter] 鍵。

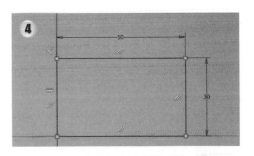

5. 點擊【完成草圖】，結束 2D 草圖繪
   製。

6. 點擊【3D 模型】頁籤 →【建立】面
   板 →【擠出】，可將草圖輪廓往垂直
   方向長出。

7. 在【距離】下方欄位中輸入「20」，並點選【方向一】，此時矩形會往上擠出 20。

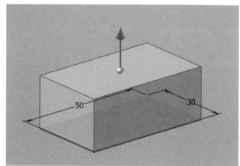

8. 點選【方向二】，此時矩形會往另一方向擠出 20。

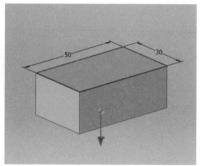

9. 點選【對稱】，此時矩形會往兩個方向個別擠出 10。

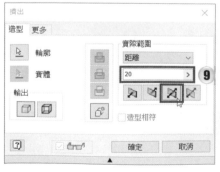
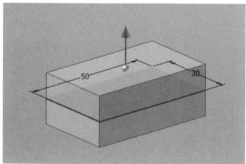

10. 點選【不對稱】，此時矩形會往兩個方向擠出分別為 10 跟 20。

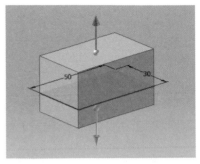

11. 點擊【曲面】，此時矩形會變成曲面的造型。點擊曲面左邊的【實體】按鈕，再切換回實體造型，點擊【確定】或按下 Enter 鍵關閉視窗。

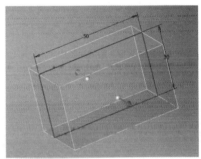

12. 完成圖。

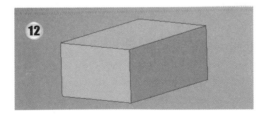

小秘訣　擠出物件時也可以直接在物件上方的箭頭位置，以滑鼠左鍵拖曳做擠出動作，來決定擠出高度。

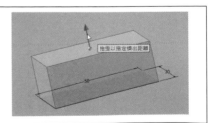

操作說明　推拔角度

1. 延續上一個小節繼續
   操作。滑鼠左鍵點擊
   【擠出 1】兩次，或是
   點擊右鍵 → 選擇【編
   輯特徵】，編輯擠出
   特徵。

2. 點擊【更多】頁籤。

3. 兩個方向的推拔角度
   設定為「20」與「-20」。

4. 完成圖。按下 Enter
   鍵關閉視窗。

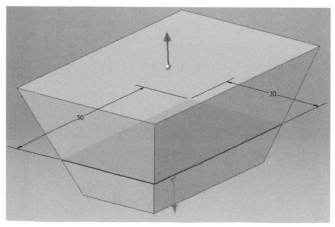

操作說明　擠出合併方式

請開啟光碟中的範例檔〈4-1-2_擠出合併方式.ipt〉。

1. 點擊【3D 模型】頁籤 →【建立】面板 →【擠出】。

2. 點擊「圓形」物件，在【距離】下方欄位中輸入「20」，並點選【方向二】，並在中間合併欄位中點擊【接合】，完成後按下【確定】。

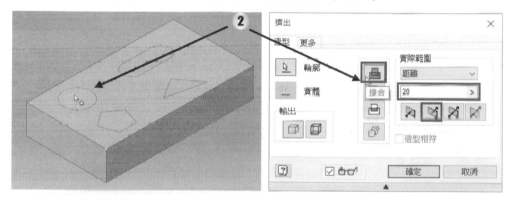

3. 新建立的圓柱體會與方塊合併，視為同一個實體。

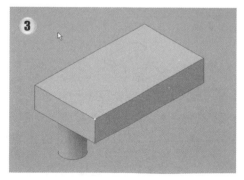

4. 點擊【3D 模型】頁籤 →【建立】面板 →【擠出】，並點擊「多邊形」物件。

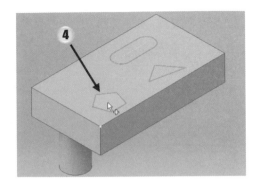

5. 在【距離】下方欄位中輸入「20」，並點選【方向二】，並在中間合併欄位中點擊【切割】，完成後按下【確定】。

6. 完成多邊形切割。

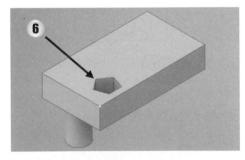

7. 點擊【3D 模型】頁籤 →【建立】面板 →【擠出】，並點擊「槽形」物件。

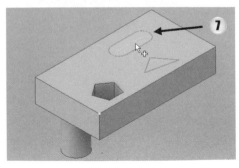

8. 在【距離】下方欄位中輸入「20」，
   點選【方向二】，並在中間合併欄位
   中點擊【新實體】，完成後按下【確
   定】。

9. 完成後槽形物件與方塊是分別獨立
   的實體。

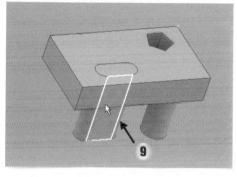

🎙 **小秘訣**　左側模型歷程，展開【實體本
體】選項，可以知道目前有幾
個實體。

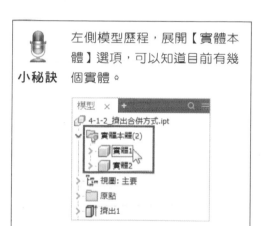

---

10. 點擊【3D 模型】頁籤 →【建立】面
    板 →【擠出】，由於零件中只剩下三
    角形輪廓未使用，此時會自動擠出，
    不需要再選取三角形輪廓。

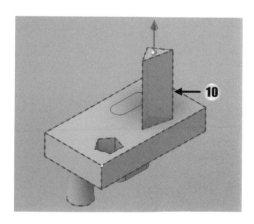

11. 在【距離】下方欄位中輸入「20」，並點選【方向二】，並在中間合併欄位中點擊【相交】，完成後按下【確定】。

12. 完成圖會只剩下三角形和橢圓，三角形是與方塊重疊的區域，而槽形物件為之前所建立的獨立實體。

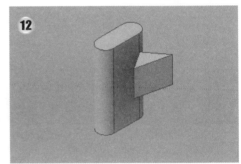

小秘訣

完成擠出後，在模型歷程中，選取擠出特徵，按下滑鼠右鍵 →【編輯特徵】，可再次編輯擠出的參數。

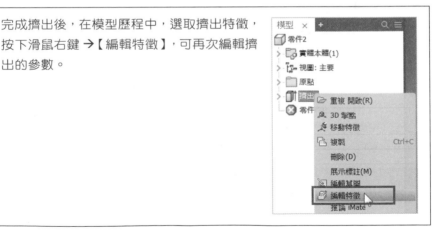

操作說明　**擠出的實際範圍**

請開啟光碟中的範例檔〈4-1-3_擠出實際範圍.ipt〉。

1. 在模型歷程中，點擊【原點】前面
   （>），點擊【YZ 平面】。

2. 點擊【草圖】頁籤 → 【圓】，會以 YZ
   平面為草圖平面來繪製，在矩形中
   間任意的繪製一個圓。

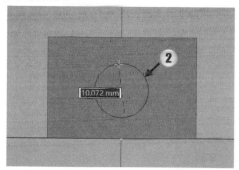

3. 完成後點擊【完成草圖】，圓形位置
   如圖所示。

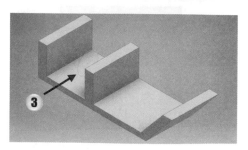

4. 點擊【3D模型】頁籤 → 【建立】面
板 → 【擠出】。

5. 在【實際範圍】下方下拉式選單中選擇【距離】，並在距離的下方欄位中輸入
「30」，可直接設定擠出距離。

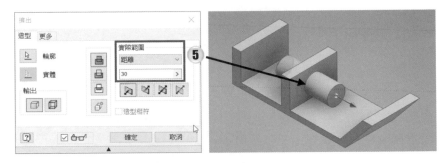

6. 在【實際範圍】下拉式選單中選擇【到下一個】，此時圓柱會擠出到下一個面
的位置，如圖所示。

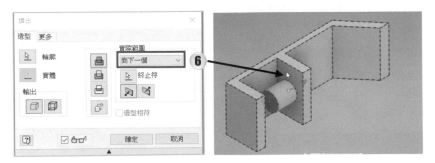

7. 在【實際範圍】下拉式選單中選擇【至】，點擊零件右側的斜面，則圓柱會擠出到選擇的斜面位置。

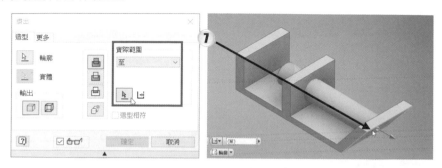

8. 點擊【實際範圍】下方的【 選取曲面來結束特徵的建立】按鈕，再點擊要完成擠出的點，則圓柱會擠出到選擇的點位置。

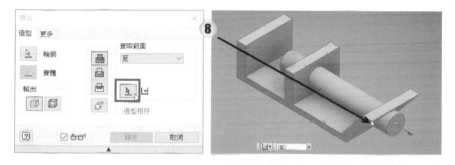

9. 在【實際範圍】下方下拉式選單中選擇【介於】，並點擊要擠出的第一個面。

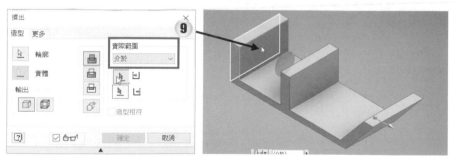

10. 接著點擊要完成擠出的另一個面，則圓柱會擠出到所選擇的兩個面之間。

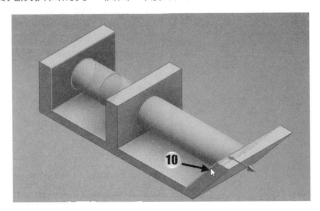

11. 在【實際範圍】下方下拉式選單中選擇【全部】，並在中間方式欄位中點擊【🖨 切割】，此時圓柱的面將會除料到物件的最後。

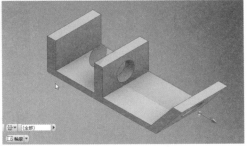

12. 按下 Enter 鍵關閉視窗，完成圖。

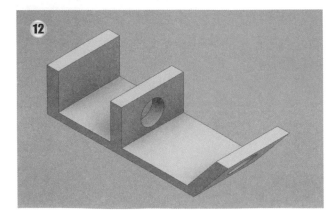

4-2 │ 迴轉

開啟一個新的檔案，點擊【Metric（公制）】→【Standard（mm）】→【建立】，建立一個標準公制零件檔。

操作說明　**迴轉**

1. 點擊【3D 模型】頁籤 →【開始繪製 2D 草圖】。任意的點擊一平面，如圖為【YZ 平面】。

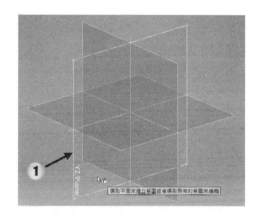

2. 點擊【草圖】頁籤 →【建立】面板 →【線】。

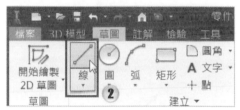

3. 點擊原點後，任意的繪製一個封閉的圖形如右圖，完成後點擊【完成草圖】。

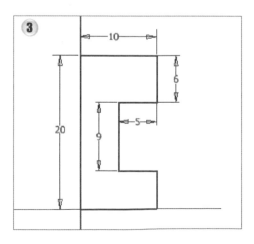

4. 點擊【3D 模型】頁籤 →【建立】面
   板 →【迴轉】。

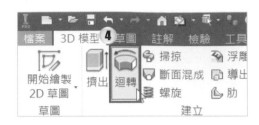

5. 在【實際範圍】下方下拉式選單中選
   擇【完全】，並點擊【軸線】。

6. 選擇要迴轉的物件軸心，如圖所示，
   完成後按下【確定】。

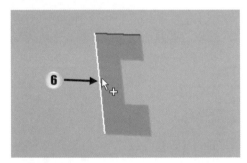

7. 此時物件會完全的迴轉一圈為封閉
   的實體。

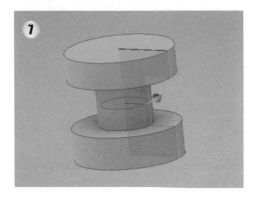

8. 在【實際範圍】下拉式選單中選擇【角度】，並在下方欄位中輸入「270」。

9. 此時物件會沿著軸心，迴轉成 270 度。

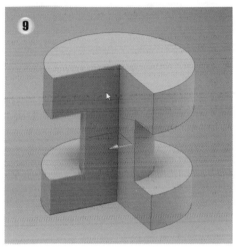

10. 按下 Enter 鍵關閉視窗，完成圖。

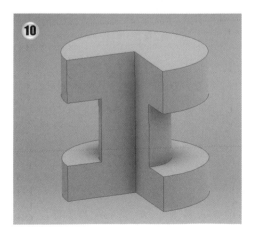

開啟一個新的檔案，點擊【Metric（公制）】→【Standard（mm）】→【建立】，
建立一個標準公制零件檔。

1. 點擊【3D 模型】頁籤 →【開始繪製
   2D 草圖】→【YZ】平面。

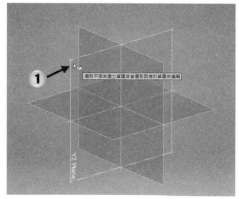

2. 點擊【草圖】頁籤→【建立】面板→【線】。

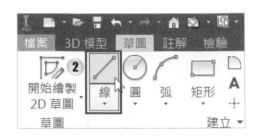

3. 點擊原點，往上繪製一任意直線，接著點擊 Enter 鍵，並在左側再繪製一線段，如圖所示完成後，按下 Esc 鍵結束指令。

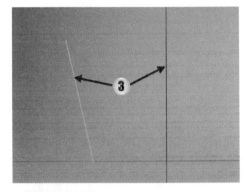

4. 框選兩條直線線段。

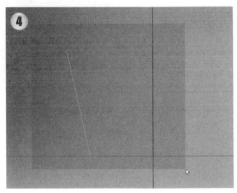

5. 點擊【草圖】頁籤→【格式】面板→【中心線】。

6. 將兩線段變成中心線。

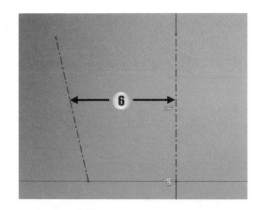

7. 點擊【草圖】頁籤 →【建立】面板 →
   【圓】，並在中心線的右側任意的繪
   製一個圓。

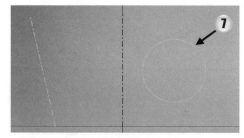

8. 完成後點擊【完成草圖】。

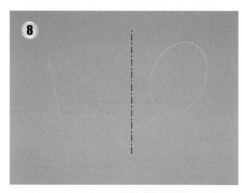

9. 點擊【3D 模型】頁籤 →【建立】面
   板 →【迴轉】。

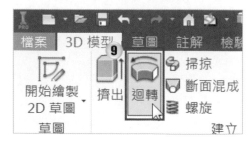

10. 此時圓會繞著第一條中心線作旋轉。

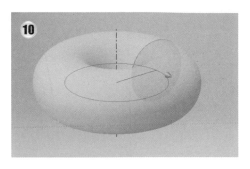

11. 接著點擊 →【軸線】，可以選擇不同的中心線段來作旋轉。

12. 選擇另一條中心線，當作旋轉的中心。

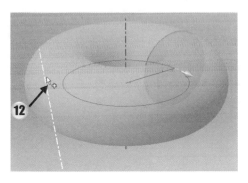

13. 完成圖。

小提醒

若草圖中有繪製中心線，則會自動以此中心線做迴轉。

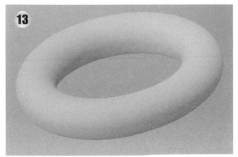

操作說明 | **迴轉切割**

請開啟光碟中的範例檔〈4-2-3_迴轉切割.ipt〉。

1. 點擊【開始繪製 2D 草圖】。

2. 點擊【XZ 平面】作為草圖平面。

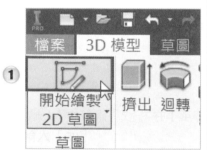

3. 點擊【草圖】頁籤 →【投影幾何圖形】。

4. 點擊右側邊線,投影到目前的草圖平面。

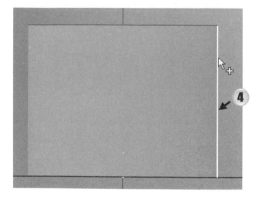

5. 點擊【檢視】頁籤 →【視覺型式】下
   拉式選單 →【線架構】，以線框來顯
   示模型，可以看見被遮住的邊線。

6. 點擊【草圖】頁籤 →【線】，繪製如右下圖所示的形狀，注意形狀必須為封閉
   形狀。

7. 再從原點往上繪製一條線段。

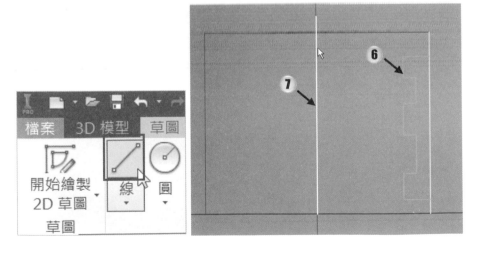

8.　點擊功能區的【完成草圖】。點擊【3D 模型】頁籤 →【迴轉】。點選繪製完的形狀。

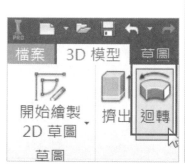 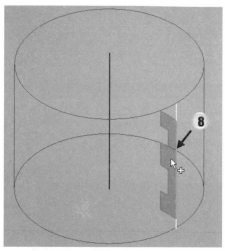

9.　擠出模型選擇【切割】。

10.　點擊【軸線】按鈕。

11.　點擊圓柱中心的直線作為迴轉軸，按下 Enter 鍵完成迴轉指令。

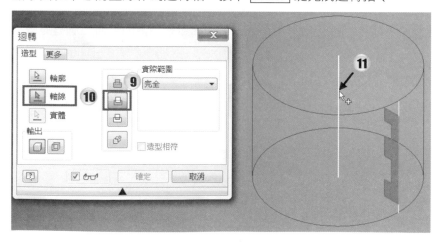

12. 點擊【檢視】頁籤 →【視覺型式】下拉式選
單 →【帶邊的描影】，可同時檢視模型顏色
與邊。

13. 完成圖。

操作說明　尺寸變更

1. 延續上一個小節檔案繼續操作。在模型歷程
中，展開【旋轉 1】選項，滑鼠左鍵點擊【草
圖 2】兩下，編輯草圖。

2. 點擊【檢視】頁籤 → 【視覺型式】下拉式選單 → 【線架構】。

3. 滑鼠左鍵拖曳線段，任意調整位置。修改完點擊【完成草圖】。

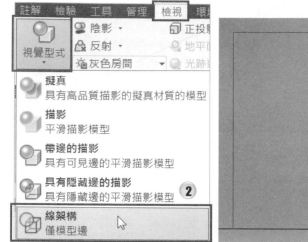 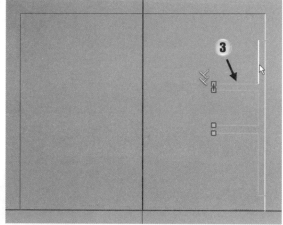

4. 點擊【檢視】頁籤 → 【視覺型式】下拉式選單 → 【帶邊的描影】。

5. 完成圖。

小秘訣

有時常使用的工具散佈在不同的功能區頁籤中，切換頁籤較不方便，以下提供兩個方式，快速切換視覺型式。

方式一：

1. 在【檢視】頁籤 →【外觀】面板上，按住滑鼠左鍵拖曳出來。

2. 在繪圖區中放開滑鼠左鍵，就可以將面板獨立，切換頁籤也不會受到影響。

3. 若要恢復原狀，可將面板直接拖曳回去，或是滑鼠移動到面板上，右側會出現兩個按鈕，點擊面板右側的【 ⬆ 】按鈕，將面板返回功能區。

方式二：

1. 在【視覺型式】按鈕上點擊滑鼠右鍵 → 點擊【加入至快速存取工具列】。

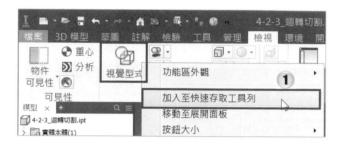

2. 視覺型式會出現在上方，可以直接點擊按鈕來切換視覺型式。

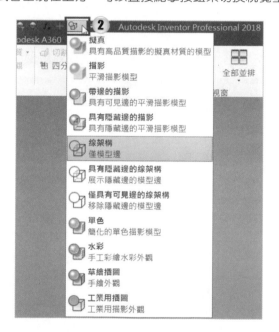

3. 若要恢復原狀，在按鈕上點擊滑鼠右鍵 → 點擊【從快速存取工具列中移除】。

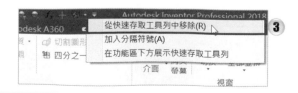

4-3 ｜掃掠

請開啟光碟中的範例檔〈4-3-1_掃掠.ipt〉。

1. 點擊【3D 模型】→【建立】面板→【掃掠】。

2. 【輪廓】的按鈕為白色箭頭，表示已經偵測到物件，【路徑】的按鈕為紅色箭頭，表示還未指定，【路徑】的按鈕呈現藍色，表示可以開始選取路徑。

3. 點擊 L 型要掃掠的路徑線段，如圖所示。

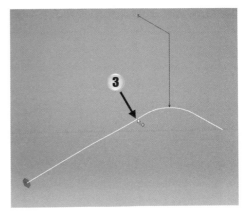

4.　完成後按下【確定】。

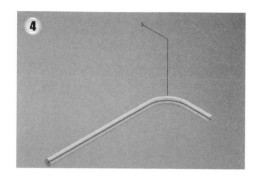

5.　完成圖。

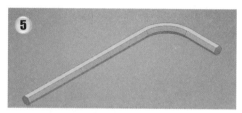

小秘訣

在功能區點擊【掃掠】後，當【路徑】呈現藍色時，表示可以開始選取要掃掠的路徑。白色箭頭表示已經指定，紅色箭頭表示還未指定。

操作說明　沿邊掃掠

請開啟光碟中的範例檔〈4-3-2_沿邊掃掠.ipt〉。

1.　點擊【3D 模型】→【建立】面板 →【掃掠】。

2. 此時若要掃掠的輪廓呈現藍色，則表示已經自動選取。

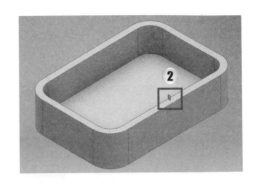

3. 確認【路徑】按鈕呈現藍色，若沒有，請點擊【路徑】。

4. 接著選擇要沿邊掃掠的物件。

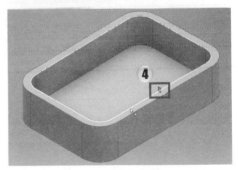

5. 按下【確定】後，完成沿邊掃掠。

操作說明　導引軌跡

請開啟光碟中的範例檔〈4-3-3_掃掠-導引軌跡.ipt〉。

1. 點擊【3D 模型】頁籤 →【建立】面
板 →【掃掠】。

2. 點擊【輪廓】，選取半圓當作掃掠的輪廓。若【輪廓】按鈕為白色箭頭，且半
圓已呈現藍色，則不須再選取。

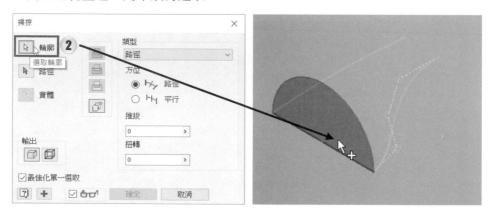

3. 若【路徑】按鈕沒有呈現藍色則點擊【路徑】，並選取線段當作掃掠的路徑。

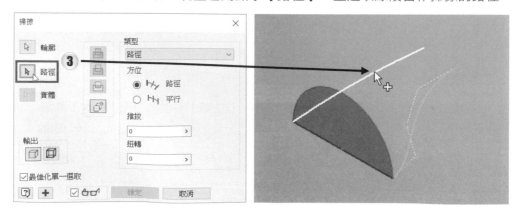

4. 在類型的下拉式選單中點選【路徑與導引軌跡】，選取雲形線段當作掃掠的軌跡。

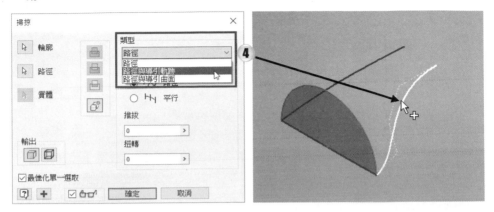

5. 在調整輪廓比例下點選【X&Y】，表示 X 與 Y 兩個方向皆會隨著導引軌跡放大縮小。

 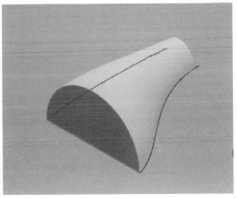

6. 完成圖。

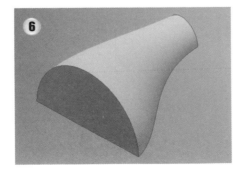

操作說明　導引曲面

請開啟光碟中的範例檔〈4-3-4_掃掠-導引曲面.ipt〉。

1. 點擊【3D 模型】頁籤 →【建立】面
   板 →【掃掠】。

2. 物件中只有一個輪廓，點擊掃掠後會
   自動選取輪廓。

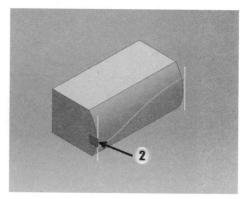

3. 若【路徑】按鈕沒有呈現藍色則點擊【路徑】，選取物件上的線段當作要掃掠
   的路徑。

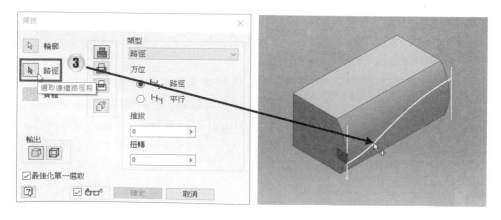

4. 在類型的下拉式選單中點選【路徑與導引曲面】，選取物件上的曲面當作要導
引的曲面。

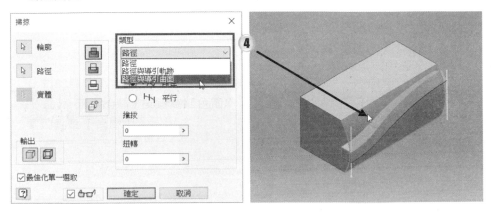

5. 完成圖。

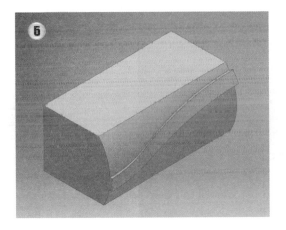

4-4 | 斷面混成

操作說明　斷面混成

請開啟光碟中的範例檔〈4-4-1_斷面混成.ipt〉。

1.　點擊【3D 模型】頁籤 →【建立】面
板 →【斷面混成】。

2.　先點擊第一個六角形的輪廓線。

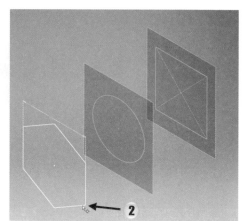

3.　依序點擊第二個圓形輪廓線段,最後
再點擊方形的輪廓線段。

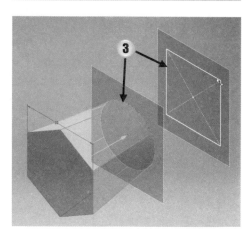

4.　在斷面混成的面板中點擊【條件】頁
　　籤，在【草圖 1】的右側三角形下拉
　　選單中點選【方向條件】，並將角度
　　設定為 90 度。

5.　在【草圖 3】的右側三角形下拉選單
　　中點選【方向條件】，並將角度設定
　　為 90 度，完成後按下【確定】，此時
　　線段都會呈現 90 度。

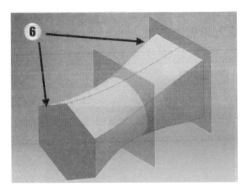

6.　完成圖。

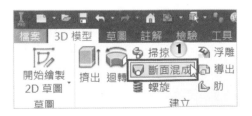

操作說明　使用中心線建立斷面混成

請開啟光碟中的範例檔〈4-4-2_使用中心線建立斷面混成.ipt〉。

1.　點擊【3D 模型】頁籤 →【建立】面
　　板 →【斷面混成】。

2. 將滑鼠移動到方塊上的邊，當邊呈現亮顯狀態按下滑鼠左鍵。

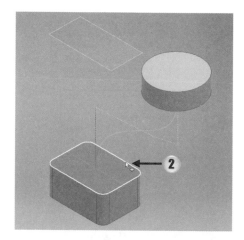

3. 環轉視角並把滑鼠移動到圓形物件的邊，當邊呈現亮顯狀態按下滑鼠左鍵。

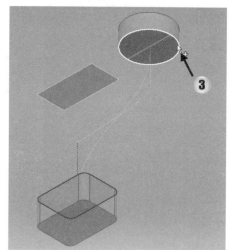

4. 在斷面混成的頁籤中點擊【中心線】模式，並點選雲形線段當作中心線，點擊【確定】。

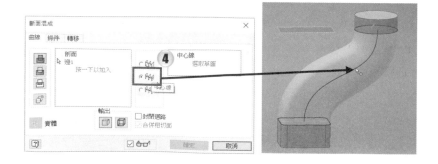

5.　完成圖。

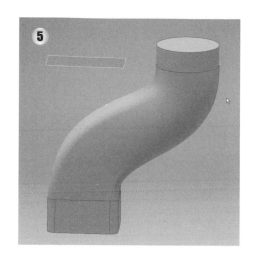

操作說明　使用軌跡建立斷面混成

　　請開啟光碟中的範例檔〈4-4-3_使用軌跡建立斷面混成.ipt〉。

1.　點擊【3D 模型】頁籤 →【建立】面
　　板 →【斷面混成】。

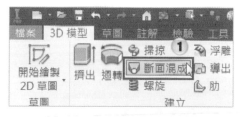

2.　先點擊下方的橢圓形草圖輪廓，再點
　　擊上方的橢圓形草圖輪廓。

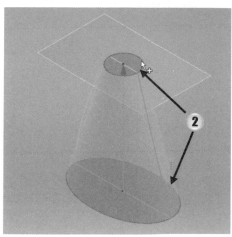

3. 點擊【軌跡】模式,並點擊軌跡的欄位。

4. 點擊右側的雲形線當作第一條軌跡線,再點擊左側的弧線當作第二條軌跡線,完成後按下【確定】。

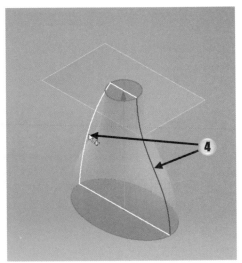

5. 完成圖。

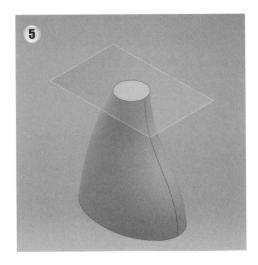

4-5 │ 圓角

操作說明 **圓角**

請開啟光碟中的範例檔〈4-5-1_圓角.ipt〉。

1. 點擊【3D 模型】頁籤 → 【修改】面板 → 【圓角】。

2. 點擊要圓角的線段,可以同時對多條線段進行圓角。

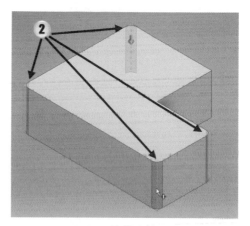

3. 在【半徑】的欄位中輸入半徑「10」,點擊【確定】。

4. 所有被選取的線段都會變成圓角。

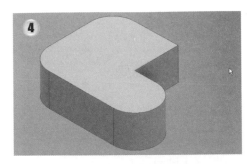

5. 點擊【圓角】指令,並點擊物件的下方線段。

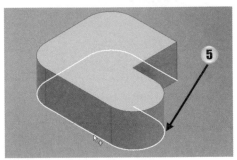

6. 在【半徑】的欄位中輸入半徑「2」,點擊【確定】。

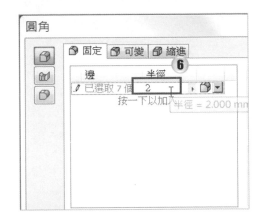

7. 此時整段的相切邊都會變成圓角,完成圖。

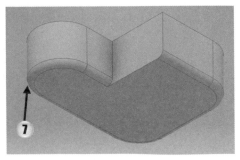

小秘訣

選取時若有多選的線段時，可按下 Ctrl +點選線段，取消此線段的選取。

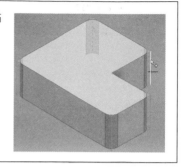

操作說明　圓角選取模式

延續上一小節的圖形來操作。

1. 點擊模型歷程下方【圓角 1】，按住 Ctrl 鍵再點擊【圓角 2】加選。

2. 按下滑鼠右鍵，點擊【刪除】。

3.　點擊【3D 模型】頁籤 →【修改】面
　　板 →【圓角】，在選取模式下方選擇
　　【迴路】。

4.　選取物件上方的邊，此時點擊任一
　　邊都會形成迴路。

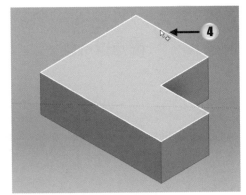

5.　在【半徑】的欄位中輸入「5」設定
　　為半徑值，完成後按下【確定】。

6.　完成圖。

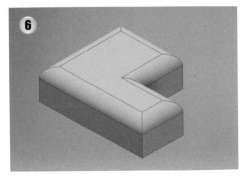

操作說明　特徵選取模式

　　請開啟光碟中的範例檔〈4-5-2_特徵選取模式.ipt〉。

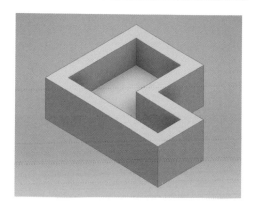

1. 點擊【3D 模型】頁籤 →【修改】面板 →【圓角】，在選取模式下方選擇【特徵】。

2. 點擊物件邊緣，此時會自動選取物件所有的邊。

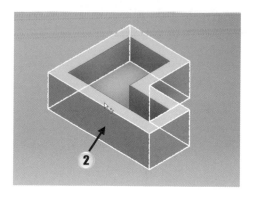

3.　在【所有圓角】欄位中打勾，完成後按下【確定】，完成圖會將物件的內部都
　　作圓角。

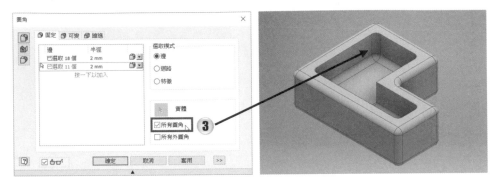

4.　在【所有外圓角】欄位中打勾，完成後按下【確定】，完成圖會將物件的外部
　　都作圓角，點擊【確定】完成。

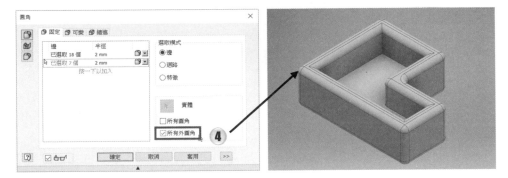

操作說明　面圓角

請開啟光碟中的範例檔〈4-5-3_面圓角.ipt〉。

1. 點擊【3D 模型】頁籤 → 【修改】面板 → 【圓角】，在選取模式下選擇【面圓角】。

2. 點擊【面集 1 】，並選擇要圓角的第一個面。

3. 選取物件上方的面。

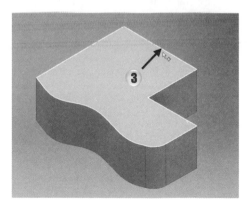

4. 接著點擊要圓角的第二個面,如圖所示。

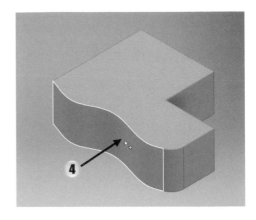

5. 在【半徑】的欄位中輸入「2」設定為半徑值,完成後按下【確定】。

6. 完成面圓角。

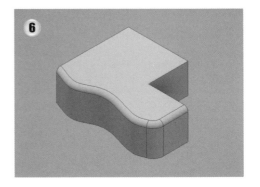

操作說明	全圓圓角

請開啟光碟中的範例檔〈4-5-4_全圓圓角.ipt〉。

1. 點擊【3D 模型】頁籤 → 【修改】面
   板 → 【圓角】。

2. 在選取模式下選擇【全圓圓角】。

3. 點擊矩形的側面為第一個面。

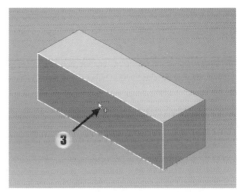

4. 接著點擊物件上方的面。

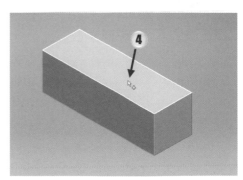

5. 選取矩形的第三個對面的面，完成後
按下【確定】。

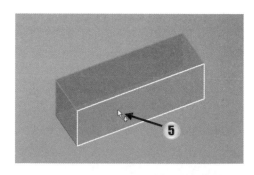

6. 完成圖。

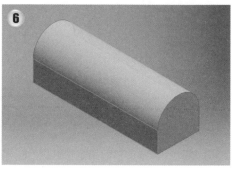

4-6 | 倒角

請開啟光碟中的範例檔〈4-6_倒角.ipt〉。

1. 點擊【3D 模型】頁籤 →【修改】面板 →【倒角】。

2. 在倒角的下方欄位中,點擊【距離】模式。

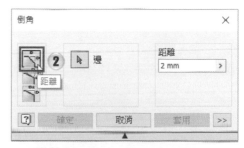

3. 選擇要倒角的邊,如圖所示。

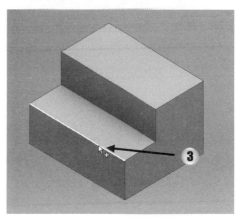

4. 在【距離】的欄位中輸入「10」。

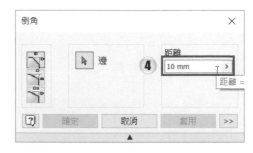

5. 此時兩段距離都各別為 10，完成後按下【確定】。

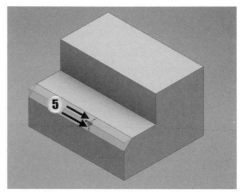

6. 完成距離倒角。

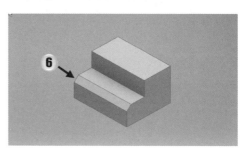

7. 再次點擊【倒角】指令，在倒角的面板中點擊【距離與倒角】模式。

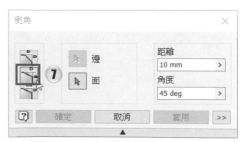

8. 選取要倒角的面，如圖所示。

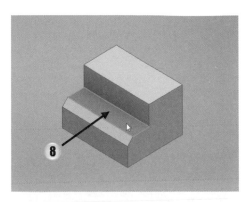

9. 並點擊要倒角的線段，如圖所示。

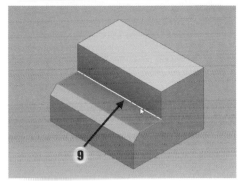

10. 在倒角的面板中，輸入距離為「15」，
　　角度為「20」。

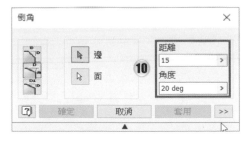

11. 完成距離與倒角，此時倒角直線距離
　　為 15，斜面與直線的夾角為 20 度，
　　完成後按下【確定】。

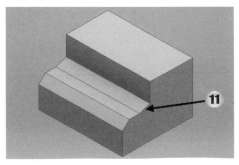

12. 再次點擊【倒角】指令，在倒角的面
板中點擊【兩個距離】模式。

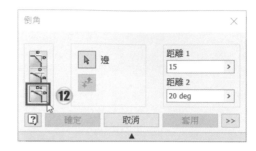

13. 點擊要倒角的第一個邊，如圖所示。

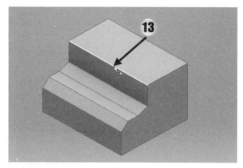

14. 在【距離 1】中輸入「5」，在【距離
2】中輸入「20」。

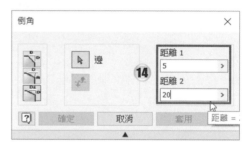

15. 此時第一段距離為 5，第二段距離為
20。

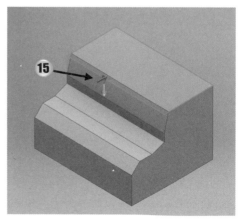

16. 點擊【方向】鍵，可將兩個方向的距離互換，完成後按下【確定】。

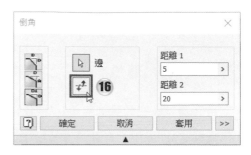

17. 完成圖。

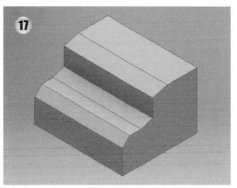

4-7 | 薄殼

操作說明　薄殼

請開啟光碟中的範例檔〈4-7_薄殼.ipt〉。

1. 點擊【3D 模型】頁籤 →【修改】面板 →【薄殼】。

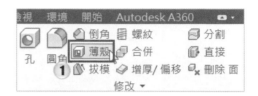

2. 此時物件已經變成中空的模式。

3. 點擊要移除的面，此處選取頂部面、側邊的兩個面。

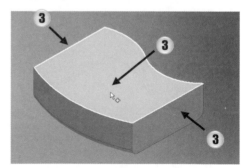

4. 若有移除面想要恢復原來的面，可按住 Ctrl 鍵並點擊面，即可取消選取。

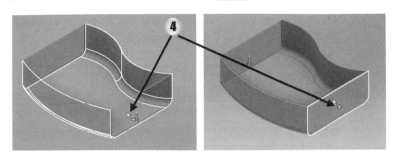

5. 在薄殼的面板下【厚度】欄位中輸入「2」。

6. 在薄殼的面板下，並選擇【內側】模式，此時薄殼的厚度是往物件內長出。

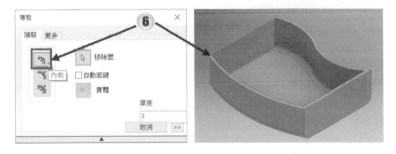

7. 在薄殼的面板下，並選擇【外側】模式，此時薄殼的厚度是往物件外長出。

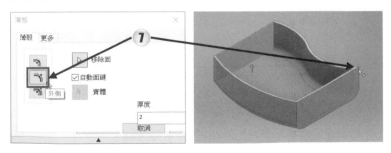

8. 在薄殼的面板下,並選擇【兩者】模式,此時薄殼的厚度是往物件兩側長出,
完成後按下【確定】。

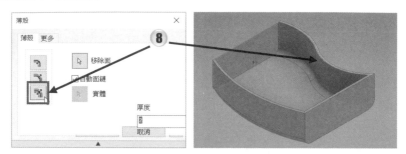

9. 完成圖。

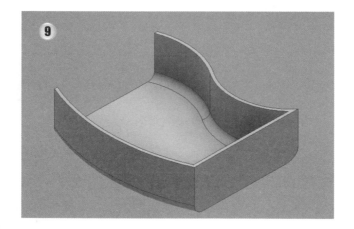

操作說明 **唯一面厚度**

延續上一小節檔案繼續操作。

1. 在【薄殼 1】特徵上點擊滑鼠左鍵兩
下,編輯薄殼。

2. 點擊【>>】展開更多選項。

3. 點擊【按一下以加入】，設定不同的面厚度。

4. 選取右側面。

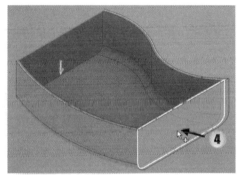

5. 【厚度】欄位輸入「15」，使此面厚度不同。點擊【確定】完成。

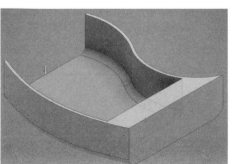

4-8 │ 增厚

操作說明　　增厚

請開啟光碟中的範例檔〈4-8_增厚.ipt〉。

1. 點擊【3D 模型】頁籤 →【修改】面板 →【增厚/偏移】。

2. 在【增厚/偏移】面板下點選【縫合曲面】，並在【距離】欄位中輸入「2」。

3. 點擊【選取】按鈕，開始選取要增厚的曲面。

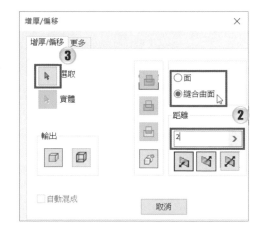

4. 點擊物件，一次就可以選取全部物件。

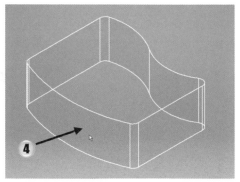

5.　點擊第一個方向鍵，此時物件會往內增厚，外部的尺寸將不會改變。

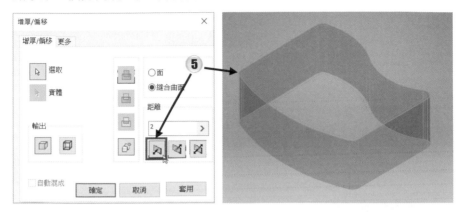

6.　點擊第二個方向鍵，此時物件會往外增厚，內部的尺寸將不會改變。

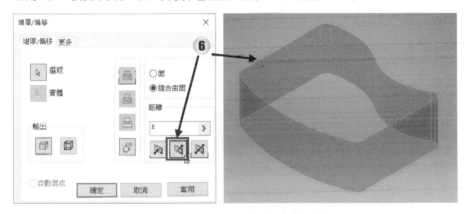

7.　點擊第三個方向鍵，此時物件會往兩側增厚，完成後按下【確定】。

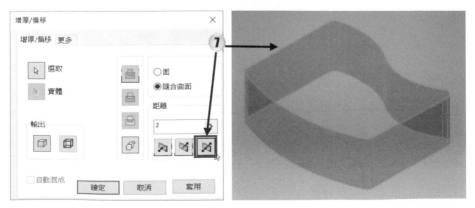

8.　在左側模型歷程中，點擊【擠出表面】特徵，並按下滑鼠右鍵，點擊【可見性】取消勾選，可將擠出表面隱藏。

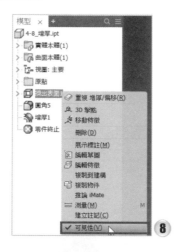

9.　完成圖。

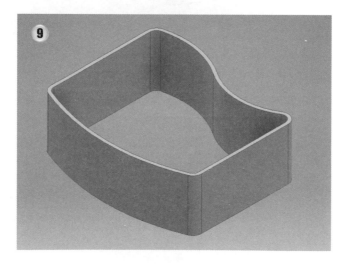

4-9 │ 肋

請開啟光碟中的範例檔〈4-9_肋.ipt〉。

1. 點擊【3D 模型】頁籤 →【開始繪製 2D 草圖】。

2. 點擊工作平面 2。

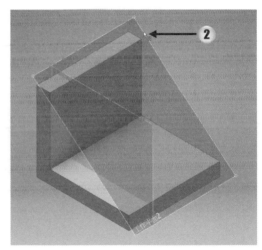

3. 點擊【草圖】頁籤 →【建立】面板 →【線】。

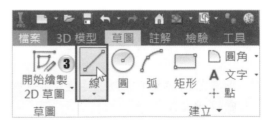

4. 點擊線段上任一點為起始點,如
圖所示。

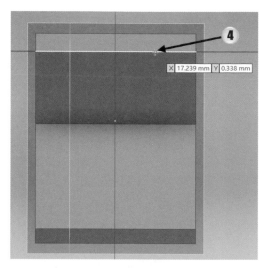

5. 往下繪製一垂直線段,並點擊【完
成草圖】。

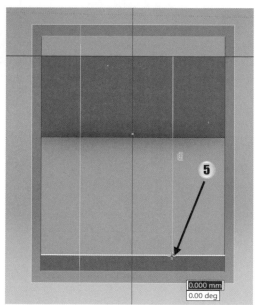

6. 點擊【3D 模型】頁籤 → 【建立】
面板 → 【肋】。

7. 在肋的欄位下點擊【正垂於草圖平面】。

8. 若【輪廓】按鈕為紅色箭頭,則須點擊剛剛繪製的線段,若為白色箭頭則不須選取。

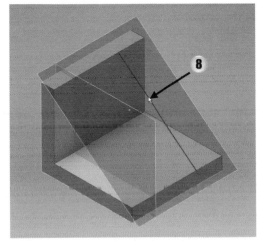

9. 點擊【方向一】,並在厚度的欄位中輸入「10」,完成後按下【確定】。

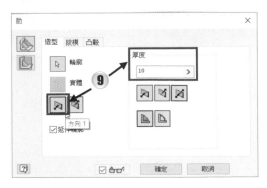

10. 完成圖。在工作平面 2 上點擊右鍵
→ 取消勾選【可見性】，將工作平面
2 隱藏。

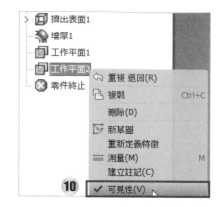

11. 點擊【3D 模型】頁籤 →【開始繪製
2D 草圖】。

12. 點擊工作平面 1。

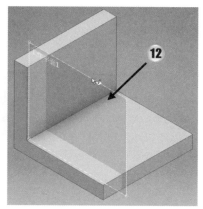

13. 點擊【草圖】頁籤 →【建立】面板 →
【線】。

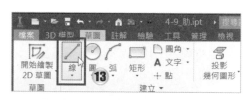

14. 繪製一線段，並使用重合約束將點
重合在端點，如圖所示，線段與模型
之間不能有縫隙，完成後按下 Esc，
並點擊【完成草圖】。

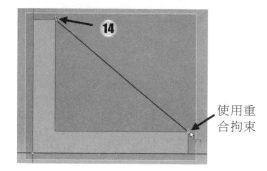

使用重
合拘束

15. 點擊【3D 模型】頁籤 → 【建立】
→【肋】。

16. 在肋的欄位下點擊【平行於草圖
平面】，若【輪廓】按鈕為紅色箭
頭則點擊【輪廓】。

17. 點擊剛剛繪製的線段。

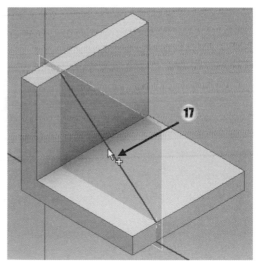

18. 點擊【方向一】，完成後按下【確定】。

19. 完成圖。

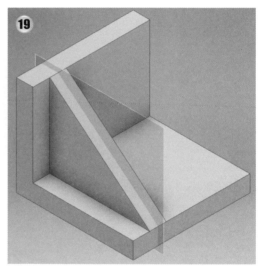

4-10 ︳螺旋

　　螺旋

請開啟光碟中的範例檔〈4-10_螺旋.ipt〉。

1.　點擊【3D 模型】頁籤 →【建立】面板 →
　　【螺旋】。

2.　在【螺旋造型】的頁籤中，點擊【軸線】。

3.　點擊線段，當作是螺旋的造型線段。

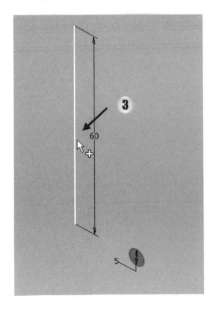

4. 點擊【螺旋大小】頁籤,設定以下參數:

· 在【類型】的下拉式選單中點選【節
距與迴轉圈數】

· 【節距】的欄位輸入「15」

· 【迴轉】的欄位輸入「5」

· 【推拔】的位置輸入「-5」

5. 點擊【確定】完成。

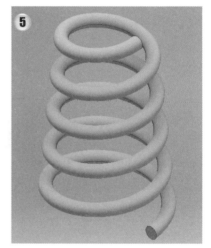

4-11 │ 浮雕

操作說明　浮雕

請開啟光碟中的範例檔〈4-11_浮雕.ipt〉。

1. 點擊【3D 模型】頁籤 → 【建立】面板 → 【浮雕】。

2. 點擊要做浮雕的物件，如圖所示。

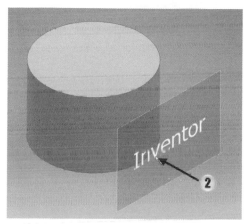

3. 在【深度】的欄位中輸入「2」，並點擊方向往要浮雕的物件內側，如圖所示，完成後按下【確定】。

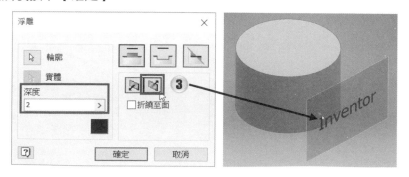

4. 完成圖。

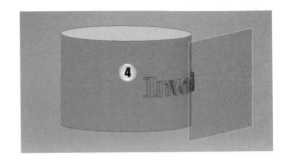

5. 在模型歷程下方欄位中點擊【浮雕 1】，並按下滑鼠右鍵點擊【編輯特徵】。

6. 在【浮雕】的下方選項中點擊【從面雕刻】，並按下【確定】。

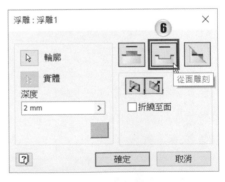

7. 此時浮雕字體樣式會往物件內雕刻，完成圖。

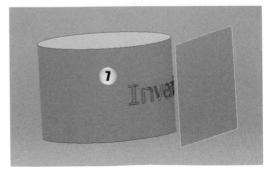

8. 在模型歷程下方欄位中點擊【浮雕 1】，並按下滑鼠右鍵點擊【編輯特徵】。

9. 在【浮雕】的下方選項中點擊【從平面/雕刻】，並按下【確定】。

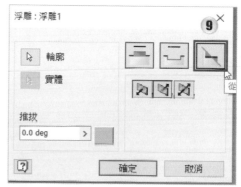

10. 此時字體會浮雕到我們所繪製的平面上，完成圖。

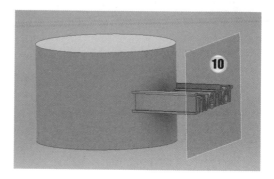

4-12 │ 直接特徵

　直接特徵

請開啟光碟中的範例檔〈4-12_直接特徵.ipt〉。

1. 點擊【3D 模型】頁籤 →【修改】
   面板 →【直接】。

2. 選擇【移動】模式，並點擊【面】
   選項。

3. 點擊第一個孔的圓心。

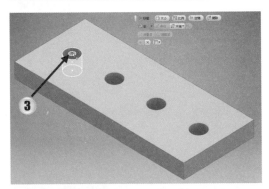

4. 點擊往左右移動的箭頭，並往右
   邊拖曳，在數值欄位中輸入「-8」，
   按下 ＋ 。

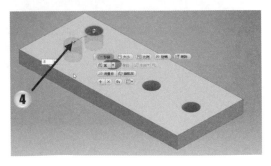

5. 完成圖。

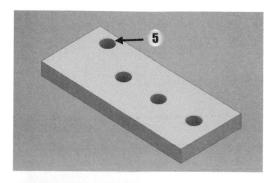

6. 點擊第二個孔的圓心。

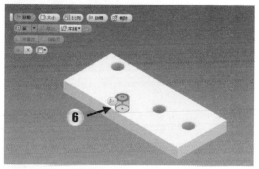

7. 選擇【移動】模式，點擊往左右
   移動的箭頭，並點擊【測量自】
   選項。

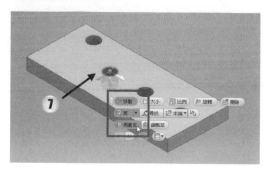

8. 點擊物件側邊的面，並在數值欄
   位中輸入「-8」，按下 ⊞。

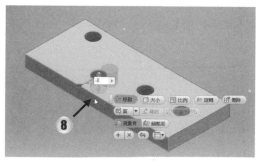

9. 完成圖，此時圓孔到面的距離為
　　8。

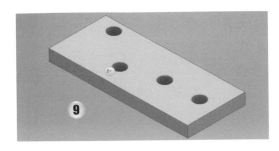

10. 選擇【刪除】模式。

11. 選取第三跟第四個圓孔。

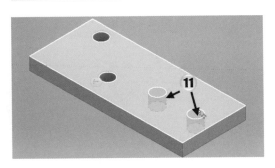

12. 按下 Ctrl 鍵，並點擊第四個圓
　　孔，可以取消選取，按下 + 。

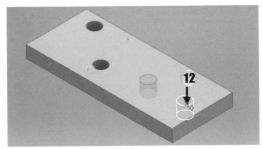

13. 已經將選取的第三個孔刪除，完
　　成圖。

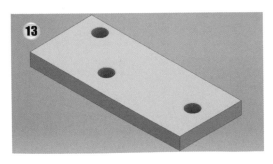

4-13 │ 分割

操作說明　分割

請開啟光碟中的範例檔〈4-13_分割.ipt〉。

1. 點擊【3D 模型】頁籤 →【修改】面板 →【分割】。

2. 若【分割工具】按鈕沒有呈現藍色，則點擊【分割工具】，選取曲線。

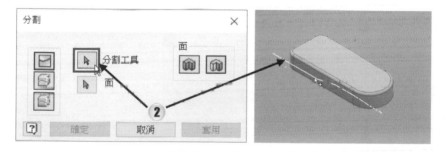

3. 在面的欄位下點擊【全部】，並選取要分割的物件，完成後按下【確定】。

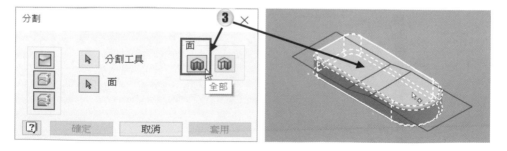

4. 完成圖,此時物件還是為一個實體。

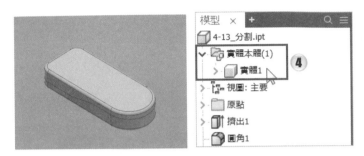

5. 在模型歷程下點擊【分割1】特徵,並按下滑鼠右鍵點擊【編輯特徵】。

6. 在分割頁面中點擊【修剪實體】,並在移除的欄位,點擊往上修剪,如圖所示。

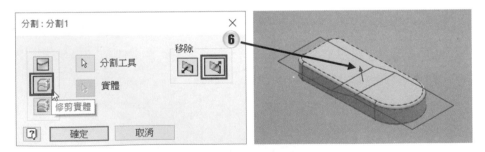

7. 點擊【確定】完成,此時物件的上方會被修剪。

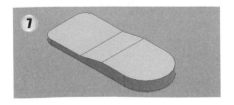

8. 在模型歷程下點擊【分割 1】，並按下滑鼠右鍵點擊【編輯特徵】。

9. 在分割頁面中點擊【分割實體】，並按下【確定】。

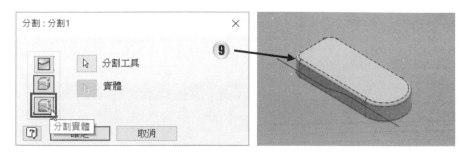

10. 完成圖，此時物件會變成兩個實體。

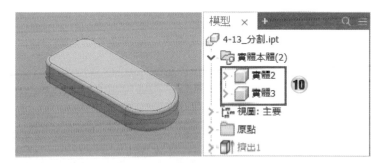

4-14 | 拔模

請開啟光碟中的範例檔〈4-14_拔模.ipt〉。

1. 點擊【3D 模型】頁籤 →【修改】面板 →【拔模】。

2. 點擊【固定平面】模式，並選取物件的上方平面，作為固定平面。

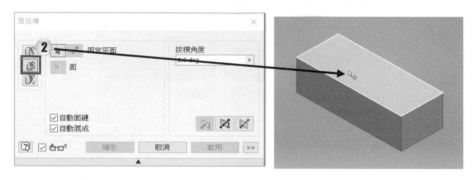

3. 選取固定平面四周圍的四個平面，作為要拔模的面。

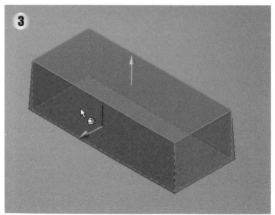

4. 在【拔模角度】中輸入「5」，
   並可以點擊【 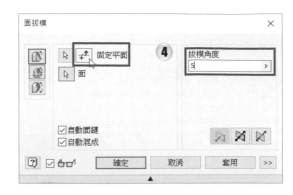 】按鈕來翻轉
   拔模的方向，完成後按下【確
   定】。

5. 完成圖。

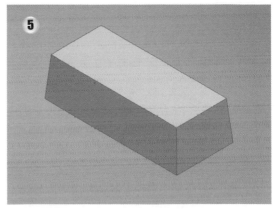

4-15 | 孔

操作說明　**線性孔**

請開啟光碟中的範例檔〈4-15_孔.ipt〉。

1. 點擊【3D 模型】頁籤 → 【修改】
   面板 →【孔】。

2. 在【放置】的下拉式選單中點選【線性】，並點擊物件上方的面。

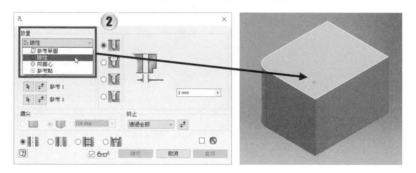

3. 點擊【參考 1】，並選取物件左側的線段，並在數值欄位中輸入「15」，不要按
   Enter 鍵。

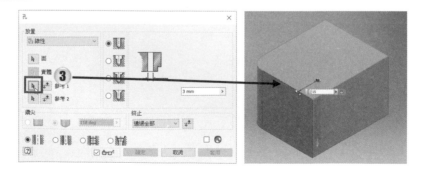

4. 選取物件的第二條參考線段，並
　　在數值欄位中輸入「10」。

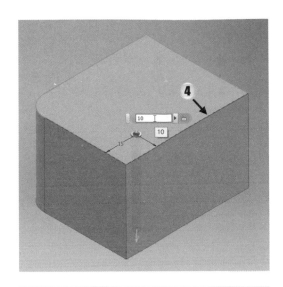

5. 在孔的形式中點擊【鑽孔】，設
　　定以下參數：

　　・【深度】欄位中輸入「15」

　　・【直徑】輸入「10」

　　・【終止】的下拉式選單中點選
　　　【通過全部】

　　完成後按下【確定】。

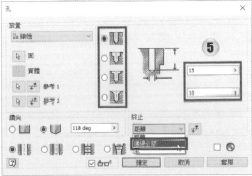

6. 完成圖。

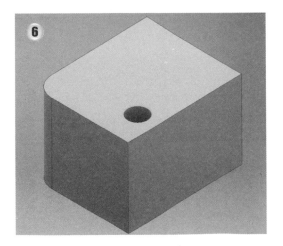

操作說明　**同圓心孔**

延續上一小節檔案來操作。

1. 點擊【3D 模型】頁籤 →【修改】
   面板 →【孔】。

2. 在【放置】的下拉式選單中點選【同圓心】，並點擊物件上方的面，作為鑽孔平面。

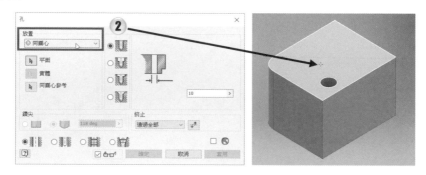

3. 點擊物件左側圓弧當作同圓心的
   參考。

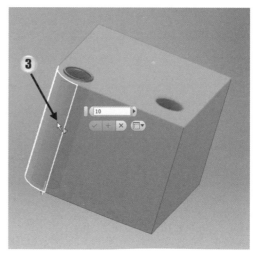

4. 設定以下參數：

   · 【深度】欄位中輸入「26」

   · 【直徑】輸入「12」

   · 【終止】的下拉式選單中點選
     【距離】

   完成後按下【確定】。

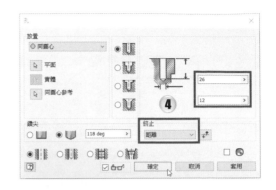

5. 完成圖。

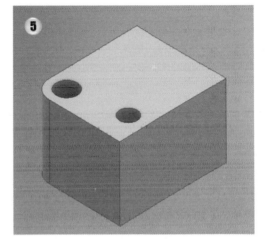

操作說明 **以參考點放置孔**

延續上一小節檔案來操作。

1. 點擊【3D 模型】頁籤 →【修改】面板 →【孔】。

2. 在【放置】的下拉式選單中點選【參考點】，並點擊模型歷程下方的【工作點】。

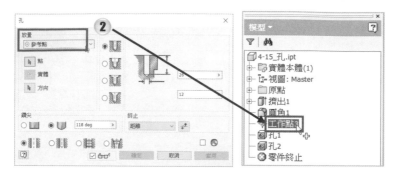

3. 點擊物件上方的面當作參考方向，
   完成後按下【確定】。

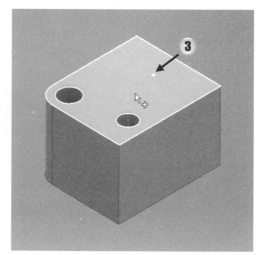

4. 完成圖。

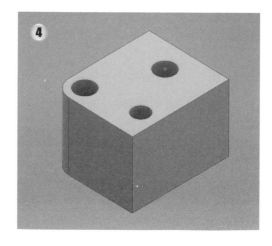

| 操作說明 | 螺紋孔 |

延續上一小節檔案來操作。

1. 點擊【3D 模型】頁籤 →【修改】
   面板 →【孔】。

2. 點擊要放置孔的物件平面，如圖所
   示。

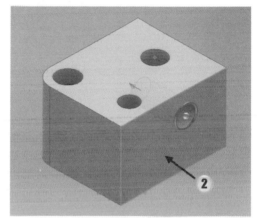

3. 點擊平面的下方線段當作參考 1，
   再點擊側邊的線段當作參考 2。

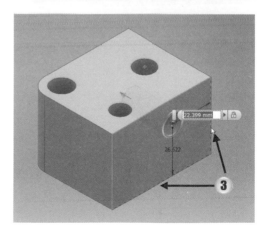

4. 設定以下參數：

- 在【鑽尖】欄位中點擊【攻牙孔】

- 【螺紋類型】的下拉式選單中點選【ISO Metric profile】

- 【大小】選擇【10】

- 【稱號】選擇【M10x1.5】

- 勾選【全深】，表示螺紋與鑽孔同深度

完成後按下【確定】。

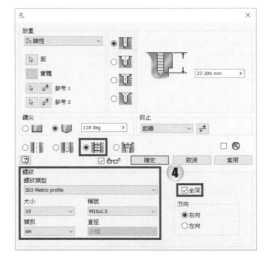

5. 完成圖。

4-16 │ 矩形陣列

請開啟光碟中的範例檔〈4-16_矩形陣列-間距.ipt〉。

1. 點擊【3D 模型】頁籤 → 【陣列】面板 → 【矩形】。

2. 確認【特徵】按鈕呈現藍色，並點擊物件上的方形孔。

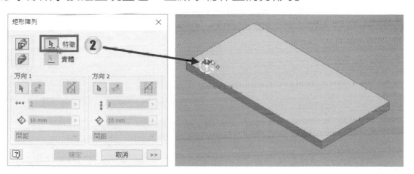

3. 點擊方向 1 下方的【 ▷ 】鍵，並點擊物件左方的線段，如圖所示。

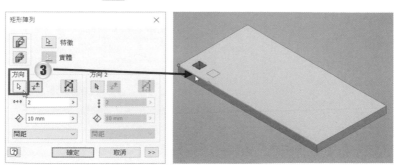

4. 在欄數中輸入「8」，在欄間距中輸入「12」，並在下拉式選單中點選【間距】，完成後按下【確定】。

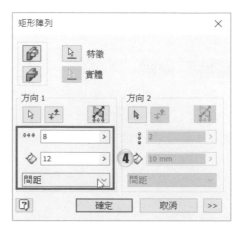

5. 完成圖。

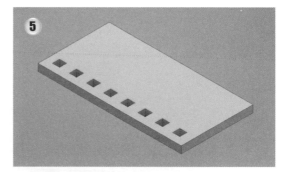

6. 按下滑鼠右鍵，點擊【測量】按鈕。

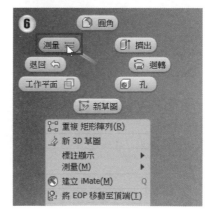

7. 點擊物件上第一個方形孔的左上角頂點，再點擊第二個方形孔的左上角孔的頂點，就可以測量出兩孔的間距為「12」。

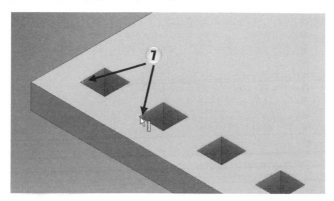

8. 完成圖，按下 Esc 鍵結束測量。

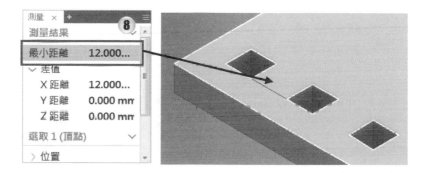

操作說明　距離

延續上一小節圖檔來操作。

1. 點擊模型歷程下方的【矩形陣列】，按下右鍵並點選【編輯特徵】。

2. 點擊方向 2 下方【 ▷ 】鍵,並點選物件上方的線段,如圖所示。

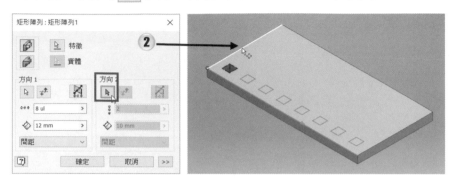

3. 在方向 2 的下方欄位中點擊【 ↙ 】翻轉方向,在列數的欄位中輸入「3」,在列間距欄位中輸入「35」,並在下拉式選單中點選【距離】,完成後按下【確定】。

4. 完成圖。

5. 按下滑鼠右鍵，點擊【測量】按鈕。

6. 點擊第一個方形孔的頂點，並點擊第三列的第一個方形孔的頂點，可以量出總距離為「35」。

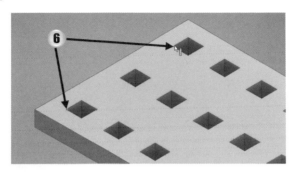

7. 完成圖，按下 Esc 鍵結束測量。

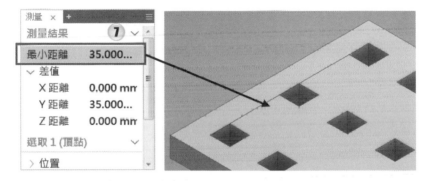

操作說明　曲線長度

請開啟光碟中的範例檔〈4-16_矩形陣列-曲線長度.ipt〉。

1. 點擊【3D 模型】頁籤→【陣列】面板→【矩形】。

2. 點擊物件上面的圓孔，當作是要陣列的特徵。

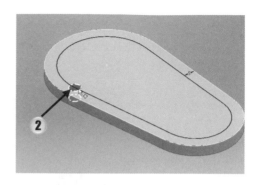

3. 點擊方向 1 的【 ☝ 】鍵，並點選物件上的草圖線段。

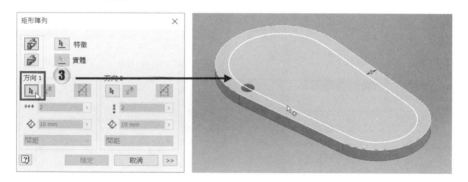

4. 在【欄數】的欄位中輸入「12」，並在下拉式選單中點選【曲線長度】，點擊右下角的【 >> 】鍵。

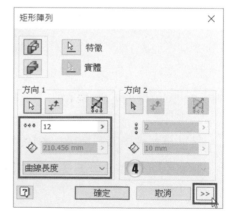

5.　點擊方向 1 的【起始】按鈕，點擊曲線上方圓孔的中心點。

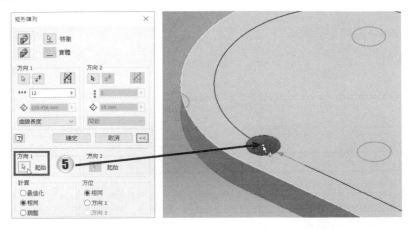

6.　完成後按下【確定】，此
　　時圓孔陣列會回到軌道
　　上。

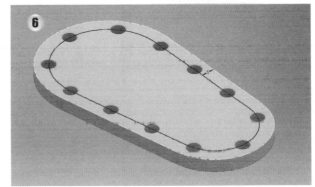

7.　點擊【矩形陣列 1】左側
　　的（>）展開子層級。

8. 選取任意複本（第一個
    複本除外），點擊右鍵
    → 選擇【抑制】，可移
    除孔。

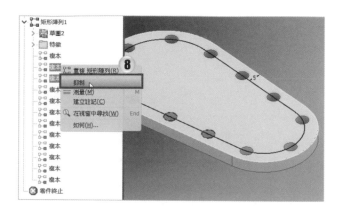

9. 完成圖。

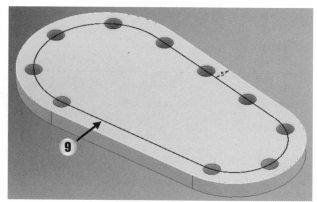

10. 再次選到複本，點擊右
    鍵 → 取消勾選【抑制】，
    可以復原。

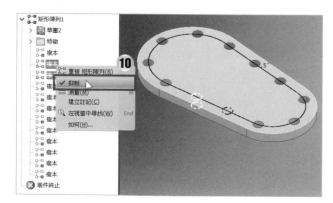

4-17 | 環形陣列

| 操作說明 | 環形陣列 |

請開啟光碟中的範例檔〈4-17_環形陣列.ipt〉。

1. 點擊【3D 模型】頁籤 →【陣列】面
   板 →【環形】。

2. 點擊物件底下的圓孔，當作要陣列的
   特徵。

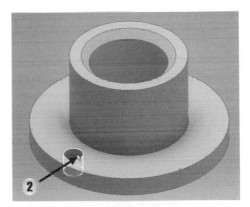

3. 點擊旋轉軸線的【 ⬚ 】鍵，點擊中間圓孔的面，當作環形陣列的旋轉軸線。

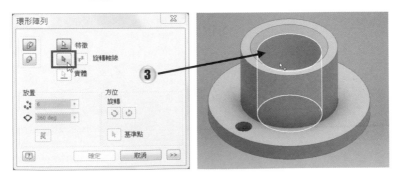

4. 點擊右上角視圖方塊的【前】，切換到前視圖觀察，在放置的下方的複製欄位輸入「8」，在角度的位置輸入「180」，此時將會繞著軸心複製 8 個圓孔。

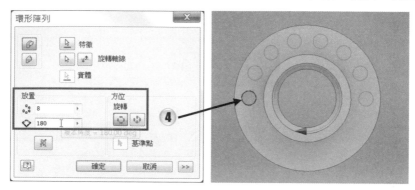

5. 點擊右下角【 >> 】鍵，在角度的欄位中輸入「30」，並在定位方式點選【增量】，此時圓孔間的距離將為 30 度夾角，並繞軸心複製 8 個，完成後按下【確定】。

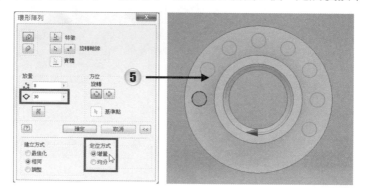

6. 完成圖。

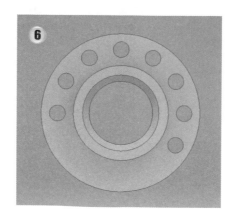

4-18 | 鏡射

請開啟光碟中的範例檔〈4-18_鏡射.ipt〉。

1. 點擊【3D 模型】頁籤→【陣列】面
   板→【鏡射】。

2. 在模型樹下方點選【擠出 2】、【擠出 3】、【環形陣列 1】共 3 個特徵。

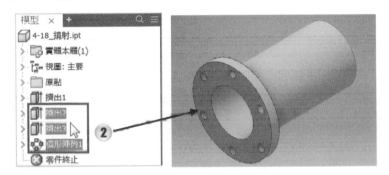

3. 點擊【鏡射平面】，在模型樹下點擊【原點】前面的〈>〉，並點選【XZ 平面】
   作為鏡射的平面，完成後按下【確定】。

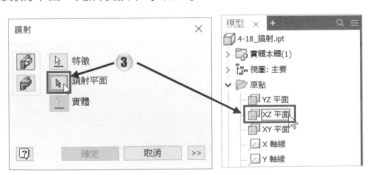

4. 完成圖。

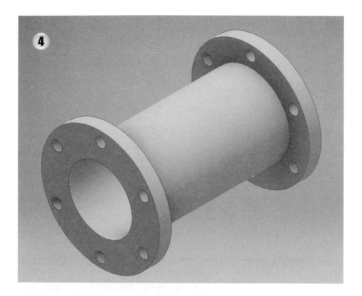

4-19 │ 鈑金凸緣

開啟一個新的檔案,點擊【Metric(公制)】→【Sheet Metal(mm)】→【建立】,建立一個板金零件檔。

操作說明 鏡射

1. 點擊【板金】頁籤 →【草圖】面板 →【開始繪製 2D 草圖】。

2. 點擊【XZ】平面，來當作繪製的平面。

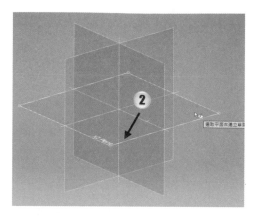

3. 點擊【線】指令，任意的繪製線段，如圖所示。

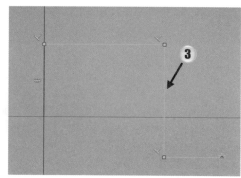

4. 點擊【草圖】頁籤 →【建立】面板 →【圓角】。

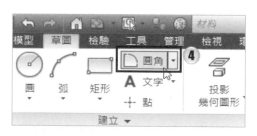

5. 點擊第一段線段及第二段，如圖所示。

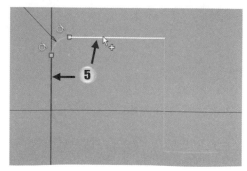

6. 繼續點擊所有的線段，將所有的直角都製作成圓角。

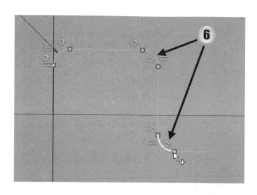

7. 完成後點擊【完成草圖】。

8. 點擊【板金】頁籤 →【建立】面板 →【輪廓線凸緣】。

9. 若無自動長出鈑金，點擊剛剛繪製的線段，即會長出板金物件。

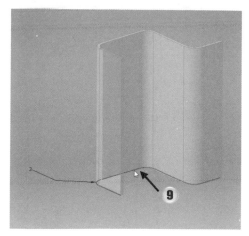

10. 在【偏移方向】下方中點擊【 ◥ 】讓物
    件往外生長，在【距離】下方中點擊
    【 ◥ 】，使物件往上生長，並在【距離】
    下方輸入「30mm」，完成後按下【確定】。

11. 點擊【板金】頁籤 →【建立】面板 →【凸
    緣】。

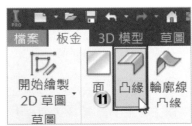

12. 點擊物件的邊，如圖所示。

13. 將畫面切換到上視圖，在【折彎位置】下方中點擊【 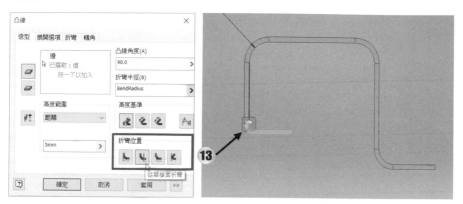 】從鄰接面折彎，完成後按下【確定】。

14. 在左方模型歷程下點擊【凸緣】，並按下滑鼠右鍵點擊【編輯特徵】，在造型下方點擊【翻轉方向】，完成後按下【確定】。

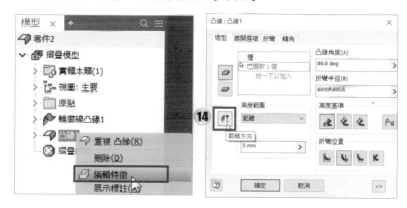

15. 完成圖。

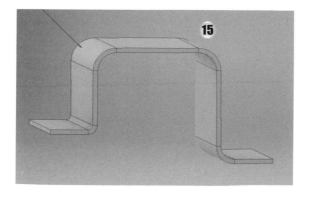

模擬練習一

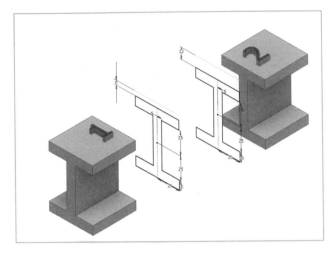

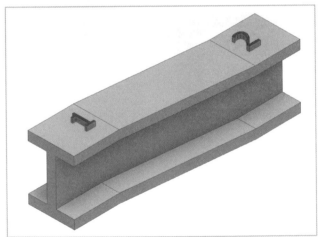

開啟 I-beams.ipt 。

● 使用斷面混成工具以完成此零件。

● 從標示為「1」的邊緣上的斷面混成特徵開始。

● 使用零件內含的草圖,並在標示為「2」的邊緣完成斷面混成特徵。

此零件的質量為何?

答:#.### kg

模擬練習二

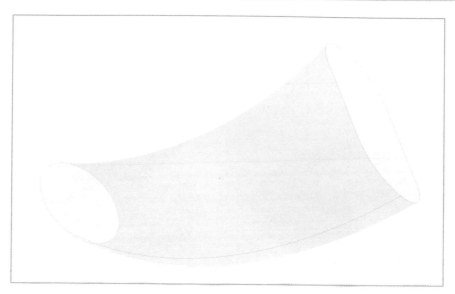

開啟 Surface.ipt。

- 透過將曲面增厚至 8 mm 方式建構實體零件。

- 以保持斷面混成曲面外部體積不變的方向增厚。

此零件的質量有多少公斤？

答：#.### kg

模擬練習三

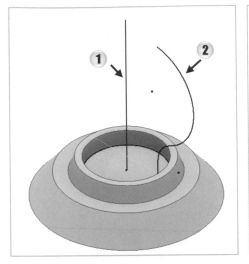

開啟 Cylindrical lock.ipt。

使用以下準則建立一個掃掠：

● 掃掠的輪廓請選擇草圖 Profile。

● 路徑請選擇草圖 Line（1）。

● 導引軌跡請選擇草圖 Spline（2）。

零件的質量有多少公克？

答：###.### g

模擬練習四

開啟 Circle cover.ipt。

● 建立浮雕文字，使其比曲面凸起 0.25 mm。

此帶有浮雕文字的零件質量有多少公克？

答：#.### g

 模擬練習五

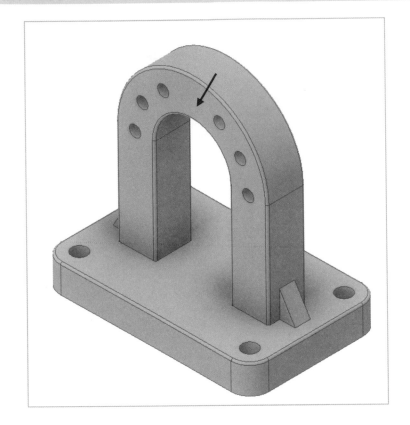

開啟 U-type base.ipt。

● 沿著 7 個例證組成的大開口頂弧（180 度）來建立 Hole 特徵的特徵陣列。

● 移除陣列最上方的孔，如圖所示。

Y 值的重力中心為多少公釐？

答：##.### mm

模擬練習六

開啟 Tub.ipt。

- 建立一個可移除面（1）的 5 mm 薄殼，且維持薄殼方向的預設選擇。

- 在面（2）加入 8 mm 的唯一面厚度。

零件的質量有多少公克？

答：###.### g

 模擬練習七

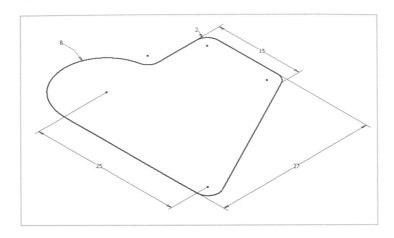

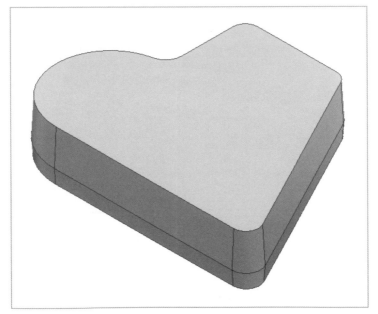

開啟 Draft .ipt。

將 Sketch1 以正 Z 方向、推拔 -3 度擠出 5 mm，然後以負 Z 方向、推拔 -4 度擠出 2 mm，以 X 為方向的重力中心在哪裡？

答：#.### mm

模擬練習八

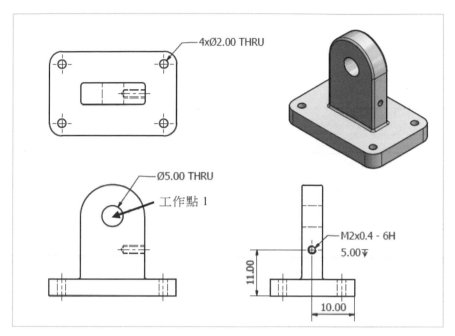

開啟 Hole part.ipt。

使用以下條件建立圖像所示的孔：

● 在零件的曲線式邊緣放置四個同圓心孔。

● 使用工作點 1（Work Point1）來放置一個參考點孔。

● 使用 ANSI Metric M Profile 在模型側面放置一個線性螺紋孔。螺紋部分使用全深（Full Depth）選項。

零件的質量有多少公克？

答：##.### g

模擬練習九

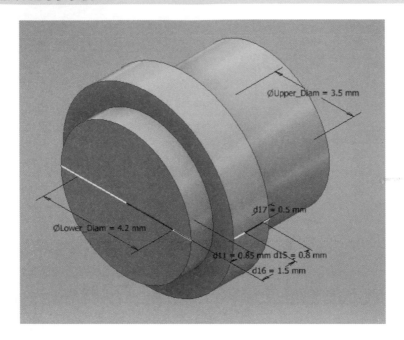

開啟 Nozzle.ipt。

對零件進行下列變更：

* 將 Sketch2 的 Lower_Diam 值變更為 4.8 mm。

* 將 Sketch2 的 Upper_Diam 值變更為 2.8 mm。

* 使用 Sketch2 的兩個輪廓並沿著 Sketch2 的中心線建立一迴轉切割。

零件的質量有多少公克？

答：#.### g

模擬練習十

開啟 Wheel.ipt。

使用直接編輯指令進行以下變更：

● 以正 Z 方向將藍色面（1）延伸 10 mm。

● 使用測量自選項移動兩個插槽（2），使黑色面距離藍色面有 12 mm。

以 Z 為方向的重力中心為何？

答：#.### mm

![模擬練習十一]

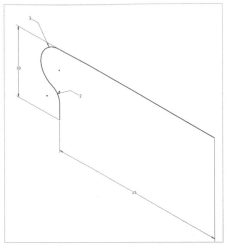

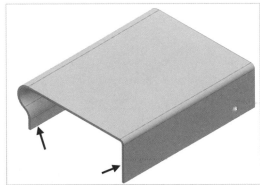

開啟 Bracket.ipt。

- 使用草圖建立一輪廓線凸緣，距離為 36mm。

- 在模型的右側建立一朝下的凸緣特徵，距離為 10mm。折彎位置部分使用：從鄰接面折彎。

介於這兩個內凸緣面間的距離為多少公釐？

答：##.### mm

模擬練習十二

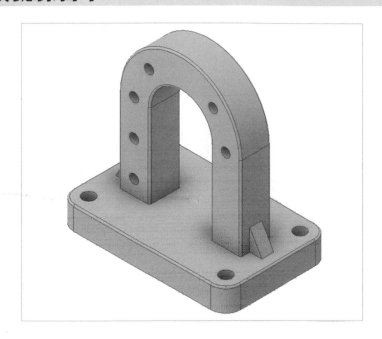

開啟 U-type base.ipt。

- 隨著路徑來建立 Hole 特徵的特徵陣列。

- 移除陣列最上方的孔，如圖所示。

Y 值的重力中心為多少公釐？

答：##.### mm

開啟 Rim.ipt。

- 在箭頭指示的面上,新建一個 2D 草圖,如圖所示。

- 投影此面的所有邊緣。

- 使用 3 mm 的值,將草圖擠出成為一新的實體本體。

方才新建的實體本體的質量為何?

答:#.### kg

CHAPTER 5

工作平面與參考幾何

本章介紹

在建立草圖時，必須繪製在模型平面或工作平面上，本章將介紹工作平面常用的幾種建立方式，唯有熟悉工作平面的建立，才能輕鬆的在想要的位置或平面上繪製草圖。

本章目標

在完成此一章節後，您將學會：

- 學習建立工作平面
- 學習建立軸線

5-1 | 平面

開啟一個新的檔案，選擇【Metric(公制)】 → 【Standard(mm).ipt】範本，點擊【建立】，建立一個標準公制零件檔。

| 操作說明 | 自平面偏移 |

1. 點擊【3D 模型】頁籤 →【平面】按鈕中的下拉式選單 →【自平面偏移】按鈕。

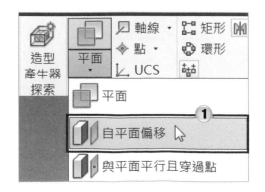

2. 在模型樹中，點擊【原點】
   →【XY 平面】，在欄位輸入
   偏移平面值「20」，並按下
   綠色打勾鈕確認。

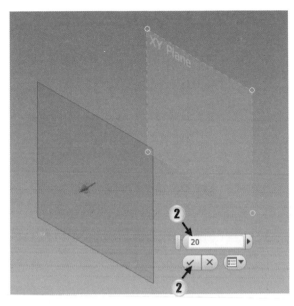

3. 完成圖，已建立一個距離為
   20 的新平面。

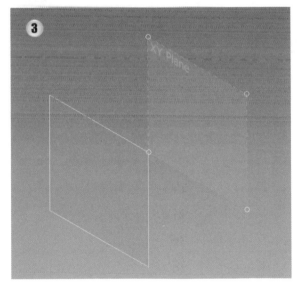

操作說明 　**與平面平行且穿過點**

開啟光碟中的範例檔〈5-1_ex1.ipt〉。

1. 點擊【3D 模型】頁籤 →【平面】
   按鈕中的下拉式選單 →【與平面
   平行且穿過點】。

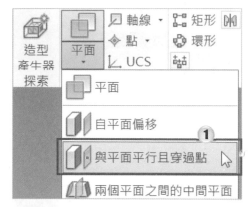

2. 滑鼠左鍵點選模型倒角面及右下
   角的點。

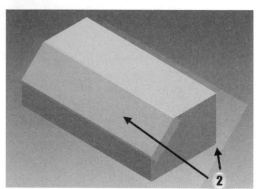

3. 完成圖可以看到產生的平面也是
   斜向的，不存檔直接關閉檔案。

操作說明　　兩個共平面邊

開啟光碟中的範例檔〈5-1_ex1.ipt〉。

1. 點擊【3D 模型】頁籤 →【平面】
   按鈕中的下拉式選單 →【兩個共
   平面邊】按鈕。

2. 滑鼠左鍵點選模型兩條邊線，即
   可得一平面。

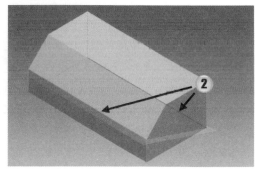

3. 完成圖。

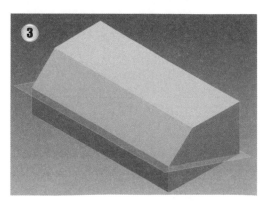

| 操作說明 | 與曲面相切且平面平行 |

開啟光碟中的範例檔〈5-1_ex2.ipt〉。

1. 點擊【3D 模型】頁籤 →【平面】
按鈕中的下拉式選單 →【與曲面
相切且與平面平行】。

2. 滑鼠左鍵點選如圖所示的曲面與
平面，即可得一平面。

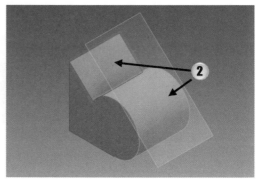

3. 完成圖，不存檔直接關閉檔案。

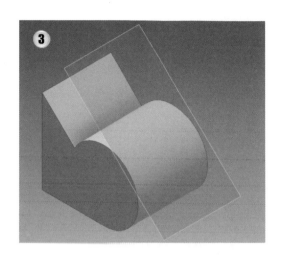

| 操作說明 | 與軸線正垂且穿過點 |

開啟光碟中的範例檔〈5-1_ex2.ipt〉。

1. 點擊【3D 模型】頁籤 →【平面】
   按鈕中的下拉式選單 →【與軸線
   正垂且穿過點】。

2. 按下滑鼠左鍵點選如圖所示的邊
線與頂點,即可得一平面,此平面
會垂直於線段,且通過此點。

3. 完成圖,不存檔直接關閉檔案。

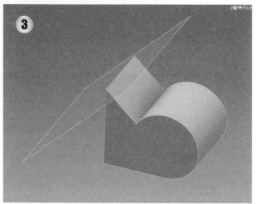

操作說明　在點上與曲線正垂

開啟光碟中的範例檔〈5-1_ex2.ipt〉。

1.　點擊【3D 模型】頁籤 →【平面】按
鈕中的下拉式選單 →【在點上與曲
線正垂】按鈕。

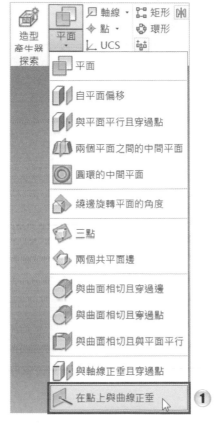

2.　滑鼠左鍵點選模型如圖所示的弧型
邊線與頂點,即可得一平面,此平面
與邊線互相垂直。

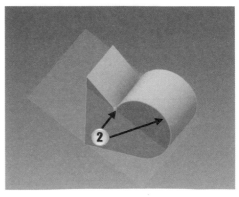

3. 完成圖。

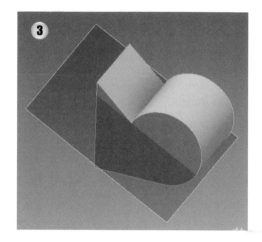

5-2 | 軸線

操作說明　穿過兩點以建立軸線

開啟光碟範例檔〈5-2_ex1.ipt〉。

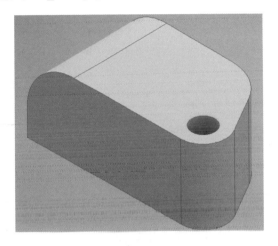

1.　點擊【3D 模型】頁籤 →【工作特徵】
　　面板 →【軸線】下拉選單 →【穿過
　　兩點】。

2.　點擊模型上的兩個點，即可建立軸
　　線。

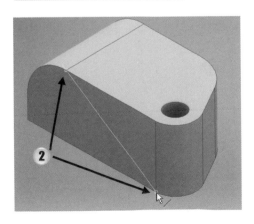

3. 點擊【3D 模型】頁籤 →【工作特徵】面板 →
   【軸線】下拉選單 →【兩個平面的交集】。

4. 在模型樹中，展開【原點】→ 選擇【YZ】平面。

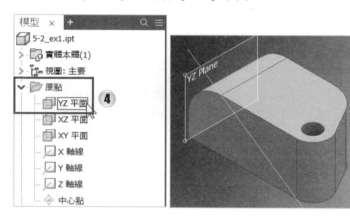

5. 再點擊模型上方的平面，即可建立相
   交於兩平面的軸線。

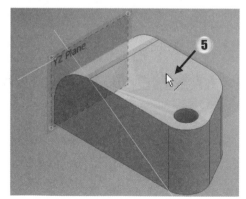

6. 點擊【3D 模型】頁籤 →【工作特徵】
面板 →【軸線】下拉選單 →【穿過
迴轉的面或特徵】。

7. 點擊圓角或孔的平面，即可建立通過
圓心的軸線。

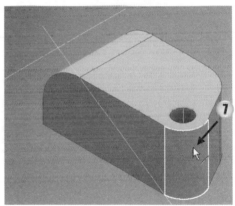

8. 完成圖。

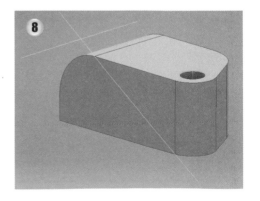

模擬練習一

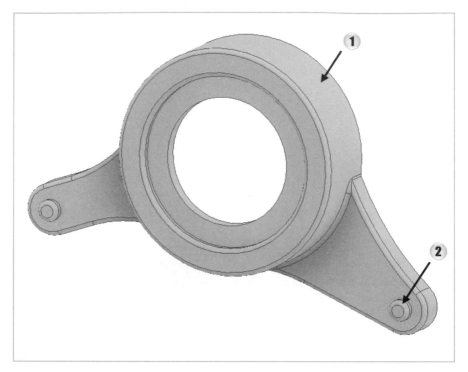

開啟 Security Lock.ipt。

* 使用工作特徵，建立一個通過 迴轉 1 特徵（1）和 擠出 3 特徵（2）的中心的工工作平面。

介於剛才新建的工作平面和原始 XY 平面的銳角為幾度？

答：##.## deg

CHAPTER 6

組件設計

本章介紹

組合檔用於將分開的元件組合成一個完整的產品，元件可以是零件或組合件，機構與產品設計必須用到非常大量的元件來組裝，因此學習元件之間的組合約束非常重要，本章節除了介紹元件約束，也會介紹ipart 建立、表現法等功能，使管理組合件更加容易。

本章目標

在完成此一章節後，您將學會：

- 學習元件約束操作
- 組合件的管理

6-1 | 放置零件與貼合約束

開啟一個新的檔案，點擊【Metric(公制)】→【Standard(mm).iam】→【建立】。

操作說明　　**放置零件**

1.　點擊【組合】頁籤 →【元件】面板 →【放置】。

2. 開啟光碟中 6-1 章節的範例檔〈partA.ipt〉。

3. 按下滑鼠右鍵，點擊【放置在原點處且保持不動】，並按下 Esc 鍵結束放置。

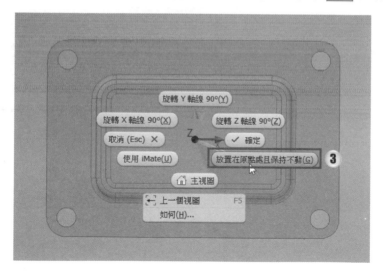

4. 點擊【組合】頁籤 →【元件】面板 →【放置】，並開啟光碟中的範例檔〈partB.ipt〉。

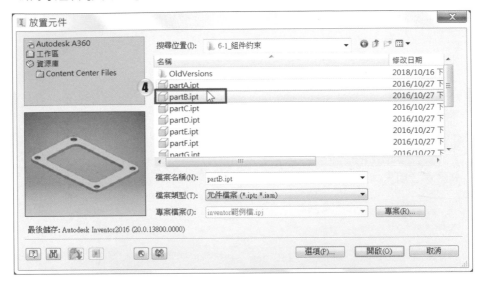

5. 在畫面中點擊滑鼠左鍵，並按下 Esc 鍵結束放置。

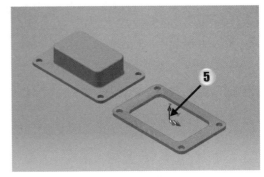

6. 點擊【組合】頁籤 →【關係】面板 →【約束】。

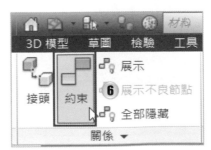

7. 在放置約束類型中點擊【貼合】，
   將匯入的兩個物件貼合在一起。

8. 點擊物件 partB 的上方要貼齊的面，再點擊物件 partA 的下方要貼齊的面，並
   按下【套用】。

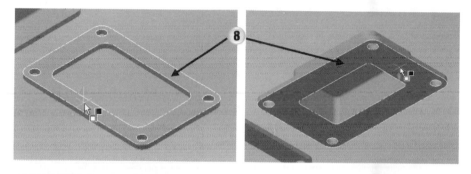

9. 接著點擊物件 partA 跟 partB 的側面。

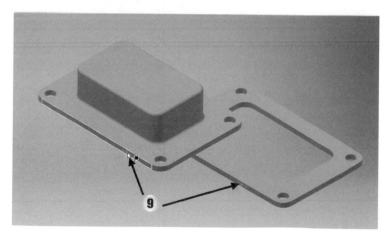

10. 在放置約束下的解法中點擊【齊平】,此時兩個物件會在同一個方向,完成後點擊【套用】。

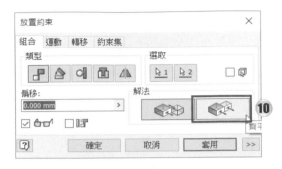

11. 繼續點擊物件 partA 跟 partB 的前方的面,完成後按下【確定】。

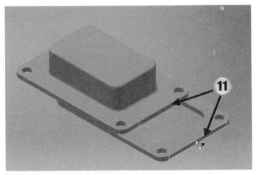

12. 完成圖。

小秘訣　　若有約束錯誤的情況,可以在模型樹下方點擊錯誤的約束方式後,按下滑鼠右鍵,並作刪除或編輯。

操作說明　插入約束

請開啟光碟中 6-1 章節的範例檔〈插入約束.iam〉。

1. 點擊【組合】頁籤 →【關係】面
板 →【約束】。

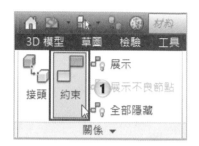

2. 在放置約束類型中點擊【插入】。

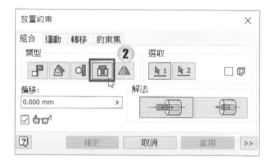

3. 點擊螺絲中間的圓形，再點擊鑽孔上方的圓形。

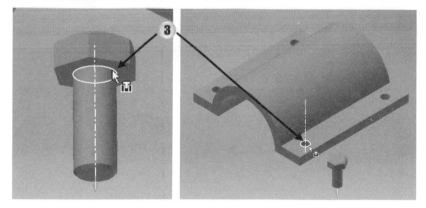

4. 在放置面板的解法中點擊【反向】，並在【偏移】欄位中輸入「0」，完成後按下【確定】。

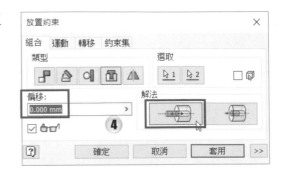

5. 完成圖。

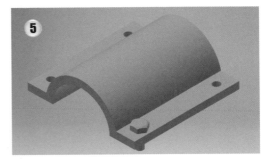

操作說明　　角度約束

請開啟光碟中的範例檔〈角度約束.iam〉。

1. 點擊【檢視】頁籤 →【視覺型式】的下拉式選單，點擊【帶邊的描影】。

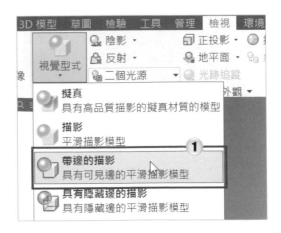

2. 點擊【組合】頁籤 →【關係】面板 → 點擊【約束】。

3. 在放置約束的類型中，點擊【角度】，在解法的三個選項中，點擊【正向角】。

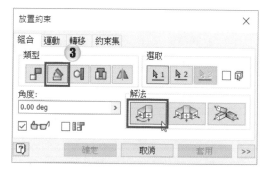

4. 點擊物件要約束的兩個面，如圖所示。

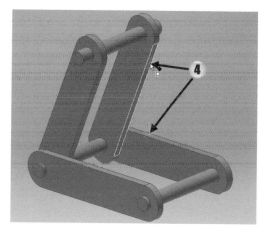

5. 在【角度】的下方欄位中輸入「90」，完成後按下【確定】。

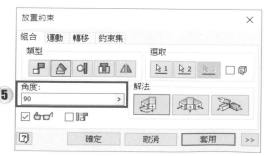

6. 完成圖，可以看到兩個元件以 90
度形成約束。

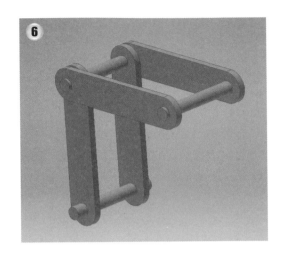

操作說明　相切約束

請開啟光碟中的範例檔〈相切約束.iam〉。

1. 點擊【組合】頁籤 → 【關係】面
板 → 點擊【約束】。

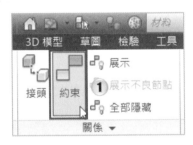

2. 在放置約束的類型中，點擊【相
切】，解法選擇【外側】。

3.　點擊滾輪中間的圓柱。

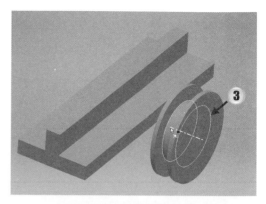

4.　點擊軌道上中間的面，完成後按
　　下【確定】。

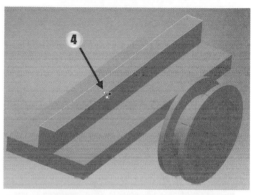

5.　完成圖。

6. 點擊【組合】頁籤→【關係】面板
   →點擊【約束】。

7. 在組合類型中點擊【貼合】。

8. 點擊左側圓柱的內側，如圖所示。

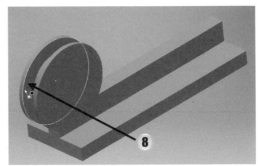

9. 環轉視角，點擊軌道另一側的平
   面，如圖所示，完成後按下【確
   定】。

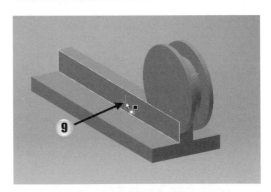

10. 完成圖，此時可以拖曳滾輪，將會
    沿著軌道移動。

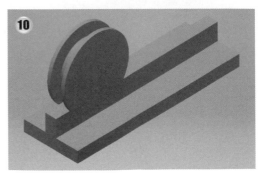

操作說明 **對稱約束**

　　請開啟光碟中的範例檔〈對稱約束.iam〉。

1. 點擊【組合】頁籤→【元件】面板→【放置】。

2. 開啟光碟中的範例檔〈partD.ipt〉。

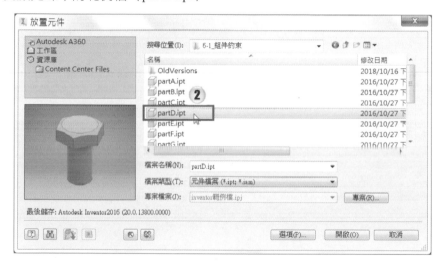

3. 點擊左鍵任意的放置螺絲,按下 ESC 鍵結束放置。

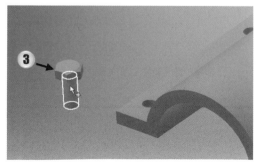

4. 點擊【組合】頁籤 →【關係】面板 →點擊【約束】。

5. 在組合類型中點擊【對稱】。

6. 點擊已組裝完成的螺絲圓心,並點擊要放置螺絲位置的圓心。

7. 點擊模型樹原點下的【YZ平面】,當作是對稱的平面,完成後按下【確定】。

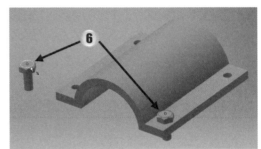

8. 完成圖,可以看到新螺絲已經被放置到對稱的位置。

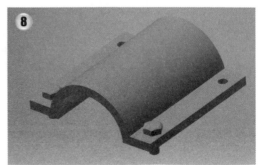

操作說明	次組合件

開啟光碟範例檔，〈6-1 次組合〉資料夾中的〈置物盒.iam〉組件檔。

1. 開啟檔案後，左側瀏覽器顯示組裝的元件。【 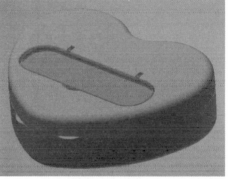 】表示零件，【 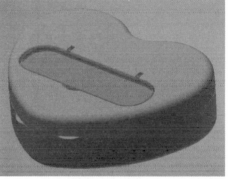 】有大頭釘
   圖示表示被固定的零件，【 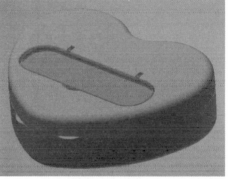 】表示次組合件。

2. 點擊零件與組件左邊的 > 展開子層級。

3. 點擊【塑型】，可以顯示零件的特徵。

4. 點擊【組合】，可以顯示組裝的約束。

操作說明　啟用元件

1. 滑鼠左鍵點擊兩下【上蓋】，可以啟用零件或組件，修改模型，此時除了啟用的零件以外，皆會變成透明狀態，透明狀態代表不會被修改到。

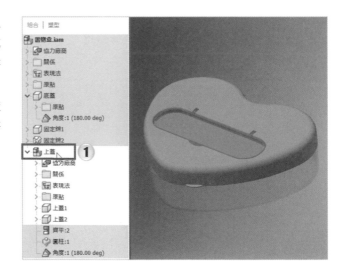

2. 點擊功能區的【返回】，或左鍵點擊兩下【置物盒.iam】，可以結束編輯。

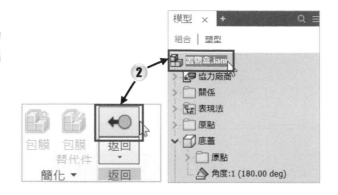

操作說明　在組件中建立新零件

1. 點擊【組合】頁籤 →【建立】，在組件中建立新零件。

2. 點擊【 ▢ 】選擇其他的樣板。

3. 若需要英制樣板，點擊【English】，選擇【Standard(in).ipt】。

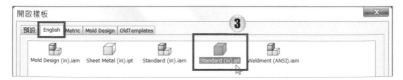

4. 若需要公制樣板，點擊【Metric】，選擇【Standard(mm).ipt】。點擊【確定】。

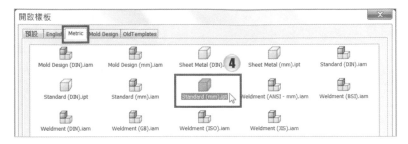

5. 點擊【確定】。

6. 點選一個面，作為此零件的基準面。

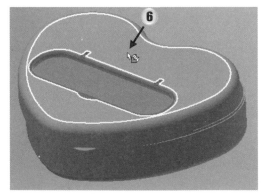

7. 點擊【開始繪製 2D 草圖】，點選一個面作為草圖平面。

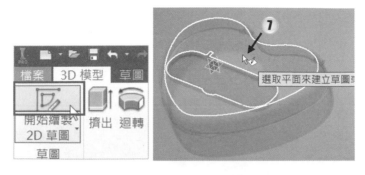

8. 點擊【草圖】頁籤 →【文字】。在愛心的平面上點擊左鍵建立文字。

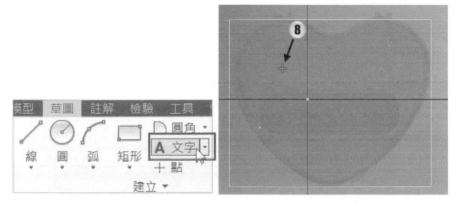

9. 設定文字大小為「20」，輸入文字「Inventor」，點擊【確定】。

10. 點擊【草圖】頁籤 →【旋轉】。選取 Inventor 文字。

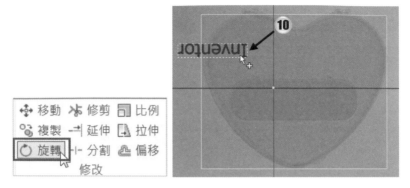

11. 點擊中心點下方【 ▲ 】按鈕。

12. 點擊文字右下角，作為旋轉中心點。

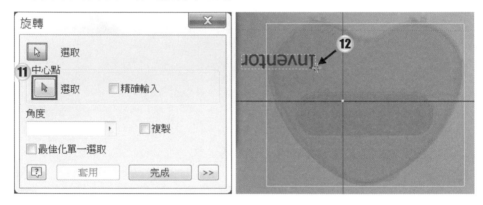

13. 移動滑鼠使文字為正確方向，並點擊左鍵確定。（或直接輸入角度 180 度）

14. 點擊【完成】。

15. 以滑鼠左鍵拖曳文字，可以調整位置。
　　　點擊功能區的【完成草圖】。

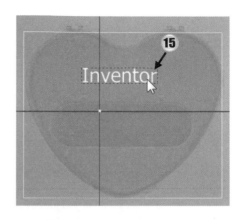

16. 點擊【3D 模型】頁籤 →【擠出】。選取 Inventor 文字。

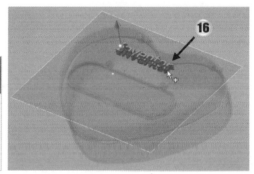

17. 設定擠出距離「5」，點擊【確定】。

18. 點擊【返回】，完成零件編輯，已產
　　　生新的獨立文字零件。

6-2 | iPart

操作說明 　可變更尺寸的零件族群

開啟光碟範例檔〈6-2_ipart.ipt〉。

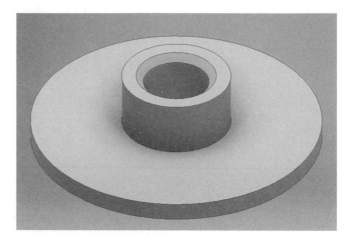

1. 點擊【管理】頁籤 →【建立】面板 →【建立 iPart 】。

2. 在迴轉 1 特徵中，滑鼠左鍵點擊【d2】尺寸兩次，可以將此尺寸加入右側欄位。

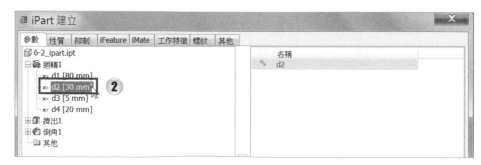

3. 在擠出 1 特徵中，左鍵點擊【d5】尺寸兩次，可以將此尺寸加入右側欄位。

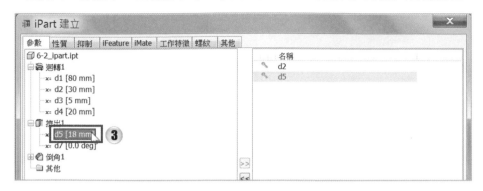

4. 在下方表格的第 1 列位置，按下滑鼠右鍵 →【插入列】，新增一列表格。

5. 將第 2 列的 d2 與 d5 尺寸修改為「60」與「50」，點擊【確定】。

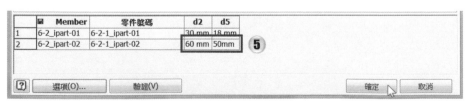

6. 在模型樹中，展開【表格】→ 左鍵點擊【6-2_ipart-02】兩次，可以將模型切換為不同的尺寸設定。

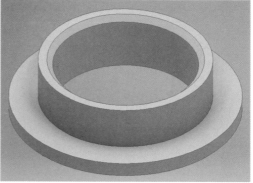

小秘訣

iPart 視窗，選擇任意參數後，點擊【<<】，即可將參數由表格中刪除。

6-3 │ 包膜

　　包膜可以將組合件匯出為實體零件，因為 2018 與 2016 版本的指令位置大幅度變動，因此特別列出兩個版本的包膜介紹。

操作說明　　包膜（2018 版本）

　　請開啟光碟中的範例檔〈6-3_包膜.iam〉。

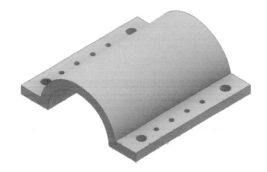

1. 點擊【組合】頁籤 → 【簡化】面板 → 【包膜】。

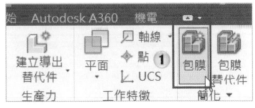

2. 點擊【特徵】頁籤。

3. 點擊【 ▨ 】按鈕來設定移除孔直徑，最大直徑輸入「1.5」，直徑小於 1.5mm 的孔會被移除。

4. 點擊【建立】頁籤。

5. 點擊【 ☐ 】按鈕選擇樣板。

6. 點擊【Metric（公制）】頁籤，選擇【Standard(mm)】標準零件。點擊【確定】。

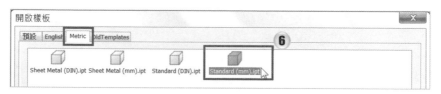

7. 點擊【 ⬚ 】按鈕來選擇包膜型式。點擊【確定】。

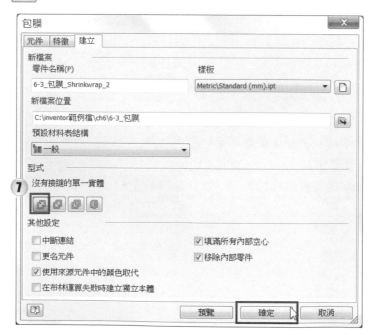

8. 組合件已經變成零件檔，且中間的小孔已經被修補。

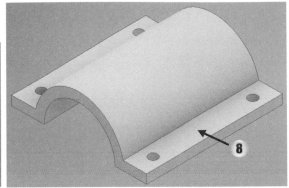

操作說明 包膜（2016 版本）

請開啟光碟中的範例檔〈6-3_包膜.iam〉。

1. 點擊【組合】頁籤 → 【元件】面板。

2. 點擊【包膜】。

3. 點擊【 □ 】按鈕，可以設定包膜零件的樣板。

4. 點擊【Metric（公制）】→【Standard(mm).ipt】，按下【確定】。

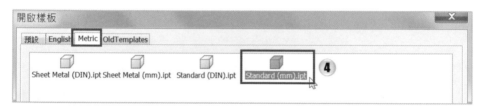

5. 點擊【 ☞ 】按鈕，可設定包膜零件儲存位置，最後點擊【確定】。

6. 型式選擇【 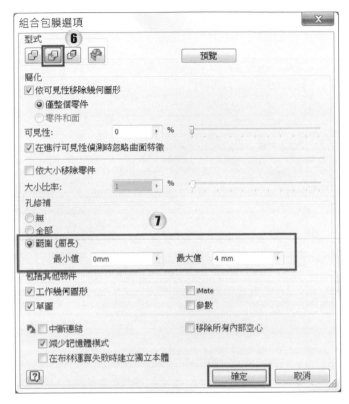（保持平物面之間的縫隙成單一實體本體）】按鈕。

7. 孔修補選擇【範圍（周長）】，最小值輸入「0」，最大值輸入「4」，點擊【確定】。

8. 完成包膜零件，而周長在 0 至 4mm 之間的孔會被修補。

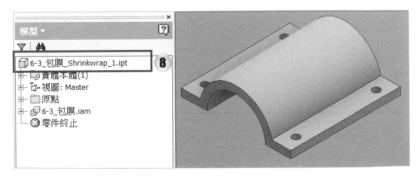

6-4 │ 表現法

操作說明　位置表現法

請開啟光碟中的範例檔〈6-4_表現法.iam〉。

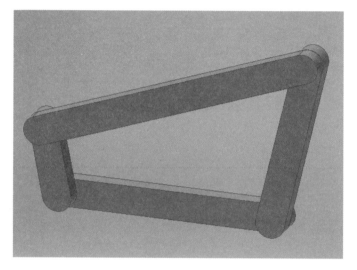

1. 在模型樹中，展開【表現法】→ 點擊【位置】，按下滑鼠右鍵 →【新建】，建立新的位置表現法。

2. 滑鼠左鍵拖曳連桿左上角。

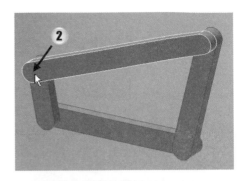

3. 拖曳完成如右圖所示,此組合位置會
記錄至步驟 1 建立的位置表現法。

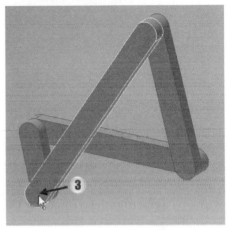

4. 在模型樹中,在【表現法】→ 展開【位置】→ 左鍵點擊【主要】表現法兩次,
可切換為四連桿原本位置。

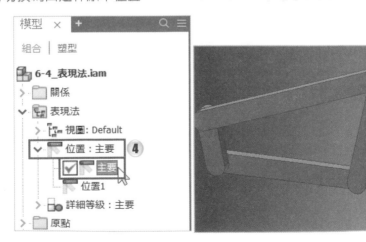

5. 左鍵點擊【位置1】兩次，再切換為另一位置表現法。

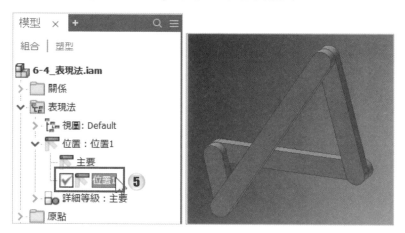

操作說明 詳細等級表現法

1. 在模型樹中，展開【表現法】→ 點擊【詳細等級：主要】，按下滑鼠右鍵 →【新詳細等級】，建立新的詳細等級。

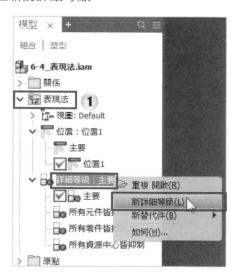

2. 在模型樹中，選取「連桿 1：1」零件，按下滑鼠右鍵 →【抑制】，使此零件不作用。

3. 儲存檔案，等同儲存詳細等級。

4. 在模型樹中，在【表現法】→ 展開【詳細等級】→ 左鍵點擊【主要】表現法兩次，可切換為原本的詳細等級。

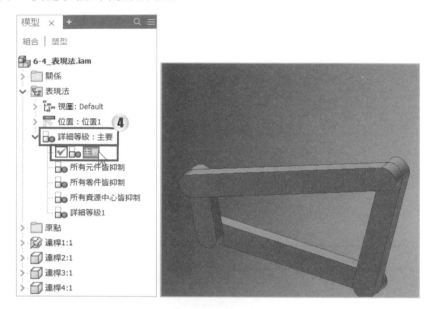

5. 左鍵點擊【詳細等級 1】兩次，可切換為另一詳細等級。

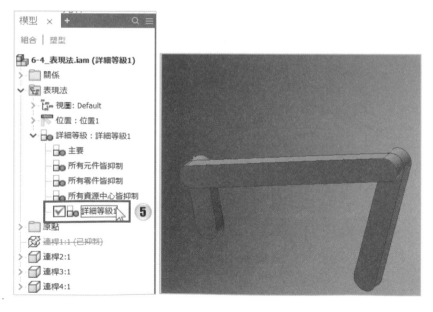

6-5 | 螺栓連接

　螺栓連接

開啟光碟範例檔〈6-5_螺栓連接.iam〉。

1. 點擊【設計】頁籤 →【釘牢】面板 →【螺栓連接】。

 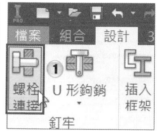

2. 點擊零件上方平面，作為螺栓的起始平面。

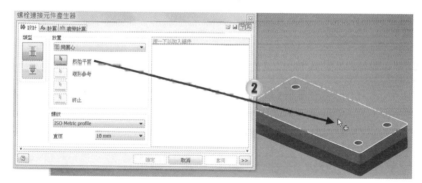

3. 點擊孔的圓柱面，作為螺栓的環形參考。

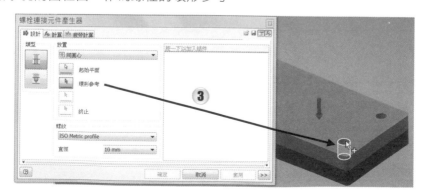

4. 點擊零件底部平面，作為螺栓的終止平面。

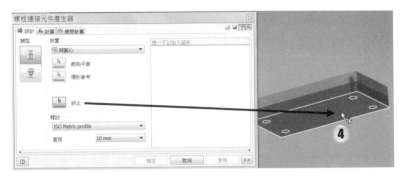

5. 螺紋直徑設定為【6mm】，點擊【按一下加入結件】。

6. 標準選擇【ANSI】，品類為【螺栓】，點選【鍛造承口頭蓋頭螺桿-公制】。

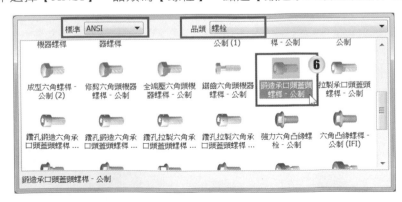

7. 螺栓會出現在零件中，拖曳螺栓末端的箭頭，可變更螺栓長度。

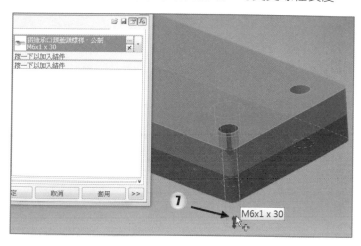

8. 視窗中有一分隔線，點擊分隔線下方的【按一下加入結件】。

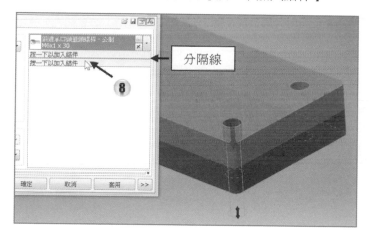

9. 標準選擇【ISO】，品類為【螺帽】，點選【ISO 4032】。

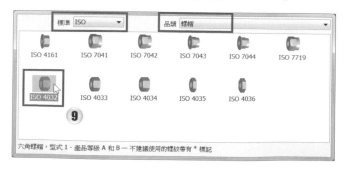

10. 在分隔線上方加入的結件，會連接在起始平面。在分隔線下方加入的結件，會
    連接在終止平面。點擊【確定】，完成螺栓連接。

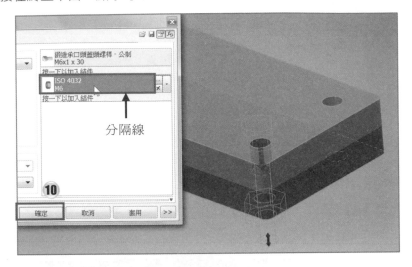

11. 完成圖。

6-6 │ 插入框架

操作說明　插入框架

開啟光碟範例檔〈6-6_插入框架.iam〉。

1. 點擊【設計】頁籤 →【框架】面板 →【插入框架】。

2. 框架的族群選擇【ISO 657/14-2000（方形）】，大小選擇【20×20×2】，方位為正中心。點擊箭頭標示的兩條直線，再點擊【確定】，完成框架。

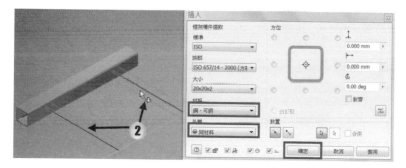

3. 點擊【確定】按鈕。

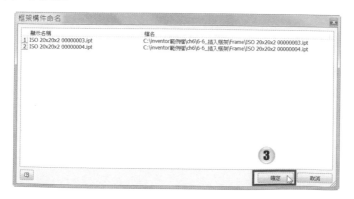

4. 點擊【設計】頁籤 →【框架】面板 →【重複使用】，可使用圖面中現有的框架。

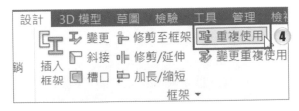

5. 點擊左側框架，作為來源框架。

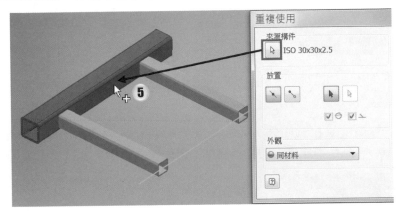

6. 點擊右側線段來放置框架，點擊【確定】按鈕。

7. 點擊【設計】頁籤 →【框架】面板 →【修剪/延伸】。

8.　點擊兩個較短的框架，作為要修剪的框架。

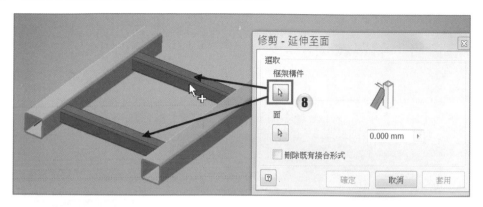

9.　點擊面的【 🔄 】按鈕，再選取左框架的右側平面。點擊【確定】按鈕。

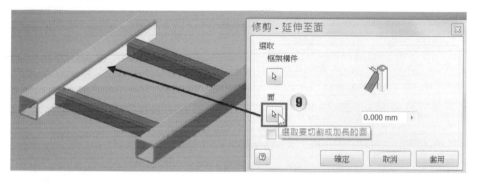

10.　框架會修剪至所選平面，如圖所示，也請試著修剪右側的突出部分。

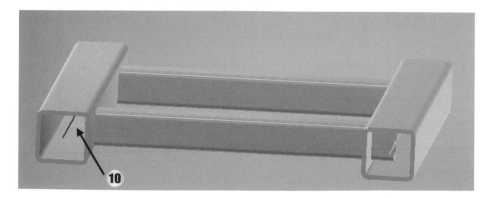

6-7 | 材料表

操作說明　材料表

請開啟光碟中的範例檔〈6-7_材料表.iam〉。

1. 點擊【組合】頁籤 → 【管理】面板 → 【材料表】。

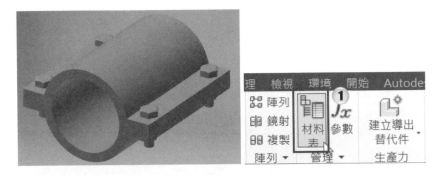

2. 在螺帽的材料表結構欄位，點擊左鍵兩下，切換為【虛擬】，使此零件不會出現在材料表中。

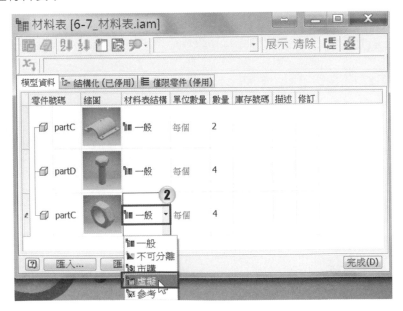

3. 點擊【結構化（已停用）】，按下滑鼠右鍵 →【啟用材料表檢視】。此材料表用於建立工程圖面中的零件表或其他關聯式清單。

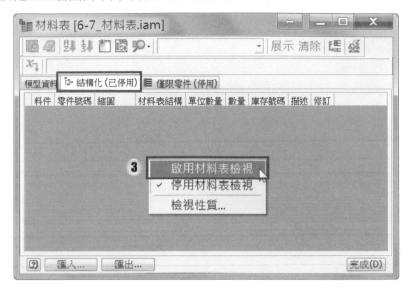

4. 點擊【匯出材料表】，此時可將結構化表格匯出至 Excel。

5. 點擊【確定】。

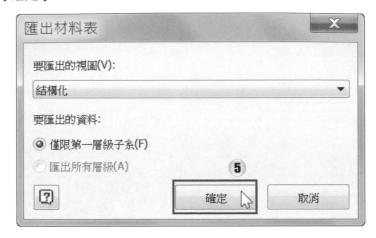

6. 設定檔案名稱，並點擊【存檔】。

7. 開啟 Excel 表格，如圖所示。

	A	B	C	D	E	F	G	H	I
1	料件	零件號碼	縮圖	材料表結構	單位數量	數量	庫存號碼	描述	修訂
2	1	partC	(非可顯示	一般	1	2			
3	2	partD	(非可顯示	一般	1	4			

6-8 | 接頭組合

準備工作

● 開啟一個新的檔案，點擊【Metric（公制）】→【Standard(mm).iam】→ 點擊
【建立】。

操作說明　　放置零件

1. 點擊【組合】頁籤 →【放
   置】，加入零件到組件中。
   選擇光碟中 6-8 小節的範
   例檔〈削鉛筆機身.ipt〉。

2. 按下滑鼠右鍵 → 選擇【放
   置在原點處且保持不動】，
   削鉛筆機會被固定在原點，
   按下 Esc 鍵結束放置。

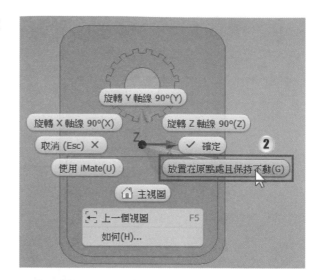

3. 點擊【檢視】頁籤 →【視覺
   型式】→【帶邊的描影】。

4. 環轉視角，使削鉛筆機如右
   圖所示。

5. 點擊【組合】頁籤 →【放
   置】。

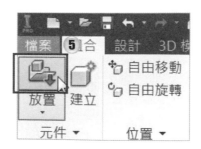

6. 選取〈削鉛筆把手.ipt〉，按住 Ctrl 鍵加選〈削鉛筆蓋.ipt〉、〈鉛筆屑盒.ipt〉，
並點擊【開啟】。

7. 點擊滑鼠左鍵放置零件，按
下 Esc 鍵結束放置。再用
滑鼠左鍵拖曳零件，使零件
分開。

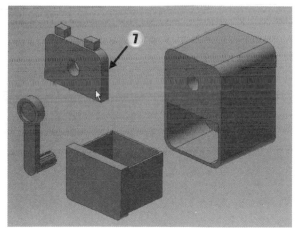

操作說明	接頭-剛性類型

1. 點擊【組合】頁籤 → 【接
頭】。

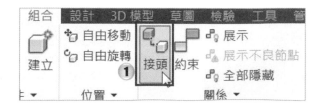

2. 類型選擇【剛性】。

3. 環轉視角，點擊削鉛筆蓋的
   右上角，如圖所示。

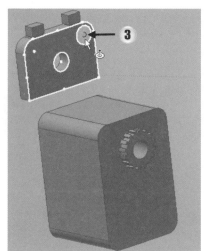

4. 再點擊削鉛筆機身的左上
   角。

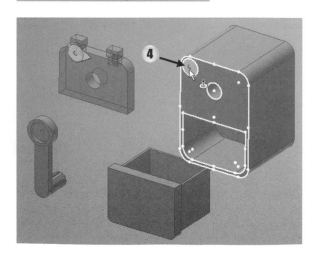

5.　此時會有動畫，兩個零件會
　　組裝，但是方向不正確。

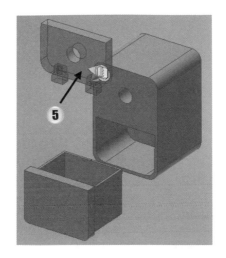

6.　點擊【　】按鈕可以反轉方
　　向，點擊【確定】。

小秘訣　【　】與【　】可以
　　　　翻轉或反轉零件。

7.　完成圖。

操作說明 接頭-滑塊類型

1. 點擊【組合】頁籤 →【接頭】。

2. 類型選擇【滑塊】。

3. 點擊鉛筆屑盒子的底部中間,如圖所示。

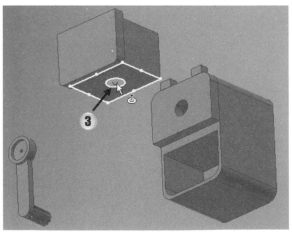

4. 再點擊削鉛筆機身的底部，
   如圖所示。

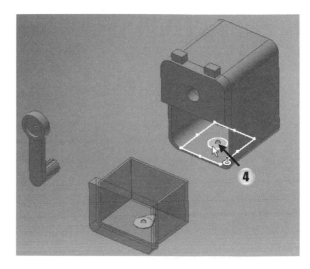

5. 兩個零件組裝完後，點擊
   【 ⚙ 】按鈕反轉方向，點擊
   【確定】。

6. 完成圖。

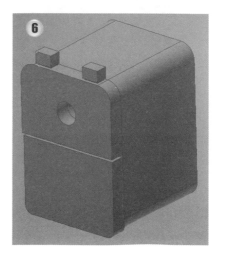

| 操作說明 | 接頭-旋轉類型 |

1. 點擊【組合】→【接頭】。

2. 類型選擇【旋轉】。

3. 點擊把手的圓形,如圖所示。

4. 再點擊削鉛筆機身背後的孔,如圖所示。

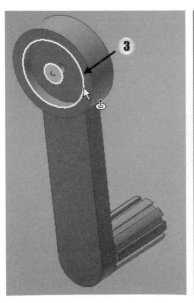 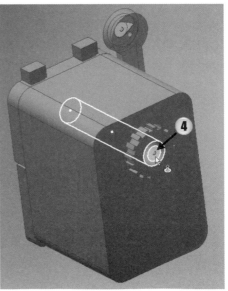

5. 組裝完後，把手角度傾斜，可點擊【  】按鈕來對齊。

6. 先選取把手側邊的面，如圖所示。

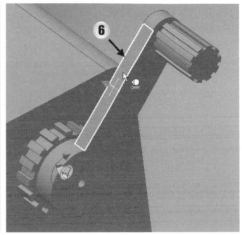

7. 再點擊削鉛筆機身的側面，
如圖所示，使兩個面平行對
齊，若把手上下顛倒再反轉
方向即可，點擊【確定】關
閉視窗。

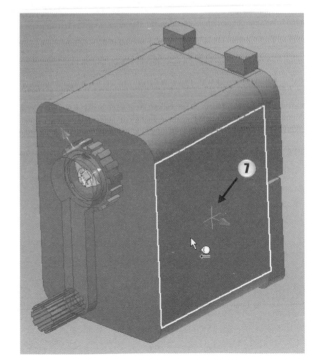

操作說明　編輯接頭組合

1. 點擊【削鉛筆把手】左邊的 > 展開子層級，
   選取【旋轉：1】，點擊右鍵 →【編輯】。

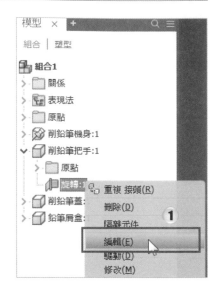

2. 點擊【限制】頁籤，勾選【開始】與【結束】，角度分別設定 0 與 90 度。

3. 表示把手限制只能往綠色箭頭方向旋轉 90 度。點擊【確定】關閉視窗。

4.　以滑鼠左鍵拖曳把手，此時把手只能轉 90 度。

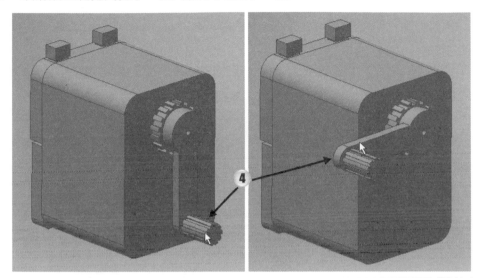

6-9 | 元件大小篩選器

準備工作

● 開啟光碟範例檔〈6-9_元件大小篩選器.iam〉，有三個不同大小的方塊，在左側瀏覽器中，已經測量過每個方塊的對角線距離，可由此距離來篩選元件。

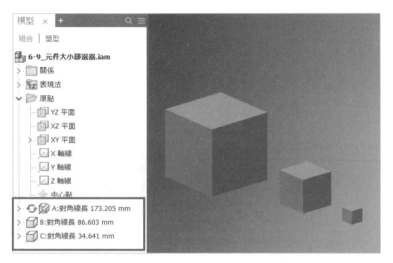

操作說明　放置零件

1. 點擊快速存取區的【 ▦▾ 】→【選取元件大小】。

2. 選取【最大】，表示小於此數值的元件才會被選取。

3. 輸入「50」或「50mm」，由於最小的方塊對角線長度小於 50，所以會被選取。

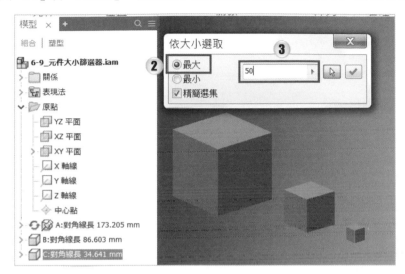

4. 輸入「50%」，則會以百分比來計算，則會選到兩個方塊，點擊【✓】按鈕完成篩選。

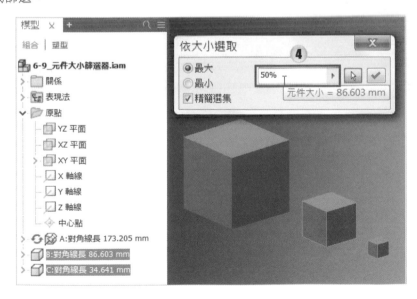

6-10 ∣ 熔接件

準備工作

開啟光碟範例檔〈6-10_熔接件.iam〉。

- 出現下面對話框,請點擊【是】。

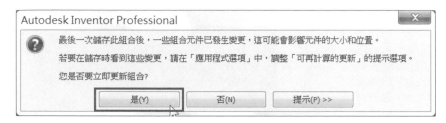

操作說明　放置零件

1. 點擊【環境】頁籤 →【轉換到熔接件】。

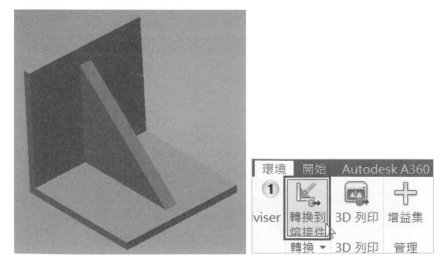

2.　點擊【是】。

3.　標準為【ISO】，材料為【鋁合金 6061、熔接】，點擊【確定】。

4.　點擊【熔接】頁籤 →【熔接】。

5.　點擊【熔接】頁籤 →【填角】。

6. 點擊 L 型的兩個面。

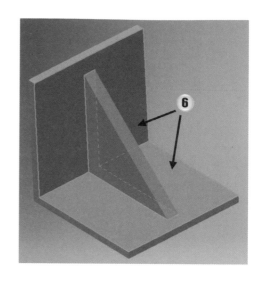

7. 設定填角熔接尺寸為「3」。

8. 點擊【 ▨ 2 】按鈕。

9. 再選取三角形面。

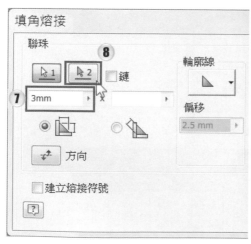

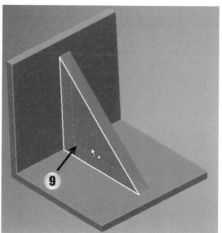

10. 預覽如左下圖，在 L 型與三角形面之間熔接，點擊【套用】。

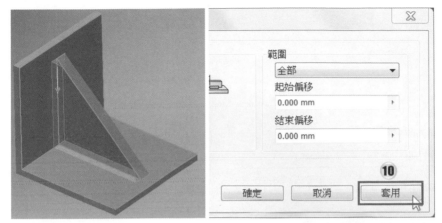

11. 接下來熔接另一側。先點擊 L 型的兩個面。

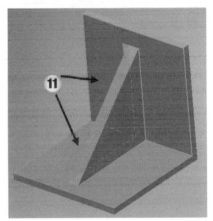

12. 點擊【 ▨ 2 】按鈕，再選取三角形面。

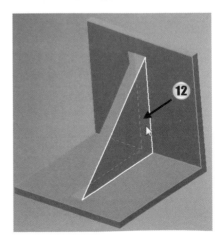

13. 點擊【確定】。

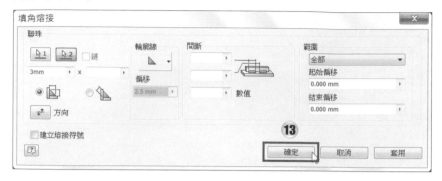

14. 完成圖。

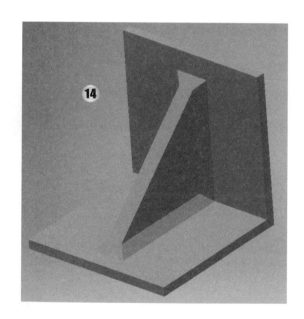

開啟 Flange.ipt。

- 建立一個 iPart。

- 將 環形陣列 1 加入至名稱清單。

- 在表格裡加入兩列。

- 在 Flange-02 列，將 d18 欄值變更為 6ul。

- 在 Flange-03 列，將 d18 欄值變更為 10ul。

在檔案名稱 Flange 下方瀏覽器所顯示的是什麼？

答：_____（請以英文作答）

模擬練習二

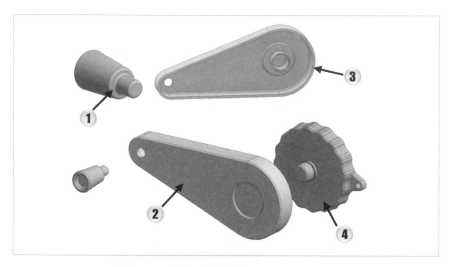

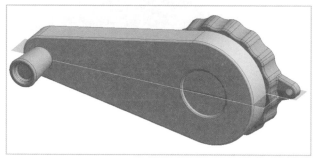

開啟 Tuner.iam，以下列關聯性建構完成如右上圖的加工組合：

- 將 0 mm 偏移 貼平 關聯性套用至 Botton:1 面（1）與 Arm:1 面（2）。

- 將 0.5 mm 偏移 插入 關聯性套用至 Arm:1 面（3）與 Fastener:1 面（4）。

- 將 0 度 偏移角度關聯性（使用正向角方式）套用至 Arm:1 的 XY 平面與 Fastener:1 的 XY 平面。

此組合件的 Z 方向的重力中心為何？

答：#.### mm

模擬練習三

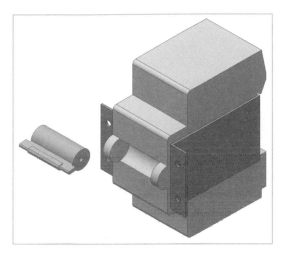 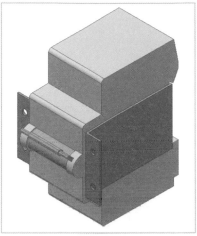

開啟 Breaker.iam。

● 使用旋轉的接頭組合類型,將拉桿零件(Bar)置於開關主體(Body)中央。為此組合接頭的槓桿位置建立限制,使槓桿移動範圍為水平上下 45 度。

● 將組合接頭推至水平以上 45 度角的位置,如圖所示。

重力中心的 Y 值為多少公釐?

答:#.### mm

模擬練習四

開啟 Air compressor.iam。

● 使用選取元件大小過濾器來選取所有占組合總大小不超過 35% 的元件。

● 將這些元件抑制來新建一個詳細等級。

此新建的詳細等級的質量有多少公克？ 請確認質量為基於該新詳細等級所計算得出。

答：##.### g

模擬練習五

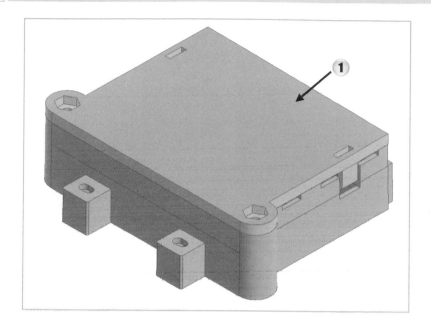

開啟 Socket.iam。

- 在組合中新建一個元件。

- 將此元件命名為 Gasket 並使用公制 Standard (mm).ipt 作為樣板。

- 約束此新零件至如頂部的面（1）。

- 建立新草圖。

- 使用投影幾何圖形，將頂部的面（1）投影作為新幾何圖形的基礎。

- 以此輪廓建立一個 2 mm 的擠出，使它的中心能保留二個六角孔和二個四方孔。

以 Y 為方向的組合重力中心為多少公釐？

答：##.### mm

模擬練習六

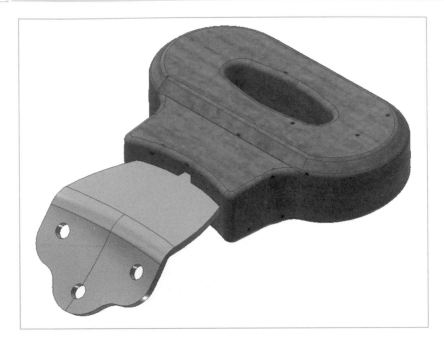

開啟 Grip.iam。

- 使用公制標準 Standard (mm).ipt 樣板建立一個包膜零件。

- 包膜型式請選擇：合併平物面之間的縫隙成單一實體本體。

- 孔修補部分，請以最低值 0 至最大值 10 公釐的範圍修補所有的孔。

此零件的質量有幾公斤？

2016 版本答案：#.### kg
2018 版本答案：#.### kg

模擬練習七

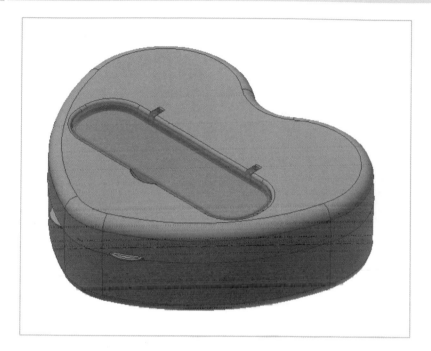

開啟 Bento box.iam。

新建一個位置表現法，並進行下述變更：

- 將名為角度：1 的角度約束值修改為 50 deg。
- Upper:1 組合件 Open 位置表現法取代。

以 Y 為方向的重力，其中心為幾公釐？

答：#.### mm

開啟 Revolving axle.iam，開啟後請依實際檔案顏色來作答。

- 使用同圓心放置來建立螺栓連接。

- 使用灰色面（1）作為開始平面。

- 選擇最靠近箭頭（2）的孔作為環形參考。

- 使用相對的藍色面（3）作為終止平面。

- 如尚未選擇 ISO Metric Profile，請選擇之。

- 如尚未選擇 10 mm 的直徑，請選擇之。

- 在組合件的灰色面插入以下元件：

  - 一個符合 ANSI 標準的鍛造內六角螺絲 - 公制 M10×1.5×45 結件

  - 一個 ISO 7092 墊圈

- 在組合件的藍色面插入以下元件：

  - 一個 ISO 7092 墊圈

  - 一個 ISO 4032 螺帽

以 Z 為方向的重力中心為多少公釐？

答：##.### mm

模擬練習九

開啟 Table Lamp.iam。

對材料表進行以下變更：

- 在結構化頁籤，將 Pivot 元件從一般 BOM 結構更改為虛擬。

- 以 1 為遞增值，將項目從 1 開始重新編號。

結構化材料表有多少項目（列）？

答：_____

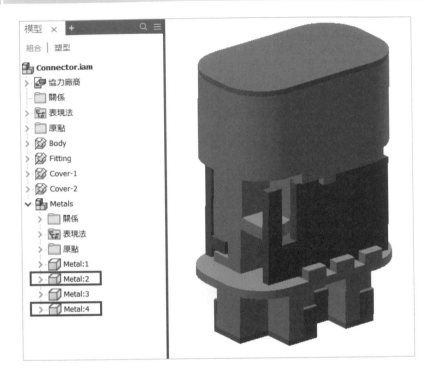

開啟 Connector.iam。

- 使用測量工具來測量介於 Metals 次組合的 Metal:2 和在 Metal:4 零件間的最小距離。

介於這兩個零件間的最小距離為多少公釐？

答：#.### mm

模擬練習十一

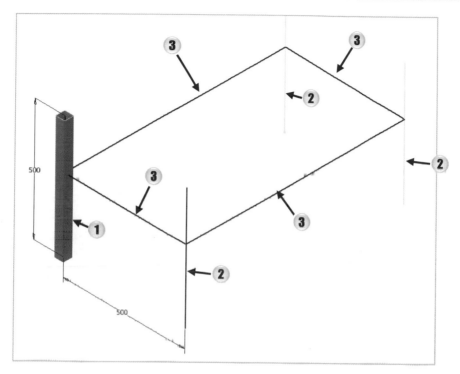

請開啟範例檔〈Base frame.iam〉。

使用重複使用工具並基於現有的段（1）來建立三個額外的垂直段（2）。使用以下條件建立四個新水平框架構件（3）。

- 標準：ISO

- 族群：ISO 657/14- 2000（方形）

- 大小：50×25×2.5

- 材料：鋼

- 方位：中心

- 旋轉角度：90 deg

重力中心的 Z 值為多少公釐？

答：###.### mm

模擬練習十二

開啟 Palette Case.iam。

● 啟用 Palette_Body 零件以編輯。

● 使用工作平面來建立一個包含工作平面與零件相交處的草圖幾何圖形。

工作平面與零件相交處（1）與（2）的距離為何？

答：##.### mm

模擬練習十三

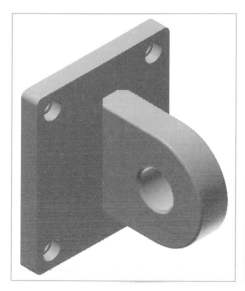 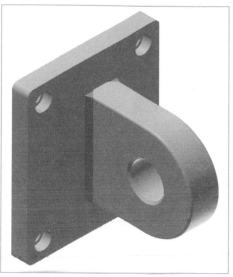

開啟 Weld.iam。

- 將組合轉換為熔接件。

- 標準部分選擇 ISO，而焊道材料部分則選擇鋼、合金。

- 在熔接板零件（Weld Flat）和接腳熔接零件（Weld-Hook）間套用 8 x 8 填角熔接。

- 將熔接套用到接腳熔接零件（Weld-Hook）的兩個倒角邊緣。

此組合的質量為何？

答：#.### kg

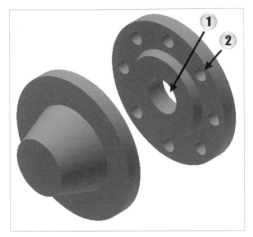 

開啟 Machined parts.iam。

● 啟用 Part_A 零件以編輯。

● 使用 Part_B 零件上的幾何圖形,中間開口(1)與周圍的八個孔(2),將切割孔擠出。

Part_A 零件的質量為何?

答:#.### kg

CHAPTER **7**

曲面設計

本章介紹

本章介紹雕塑曲面、修補曲面...等曲面建立與實體化功能，用於處理非規則造型以及產品外型設計。

本章目標

在完成此一章節後，您將學會：

- 學習常用曲面建立方式

7-1 | 雕塑曲面

請開啟光碟中的範例檔〈7-1_雕塑曲面.ipt〉。

1. 點擊【3D 模型】頁籤 →【建立】面板 →【擠出】。

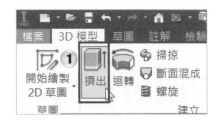

2. 在輸出下方選項中點擊【曲面】。

3. 點擊圓柱下方線段的輪廓線，如圖所示。

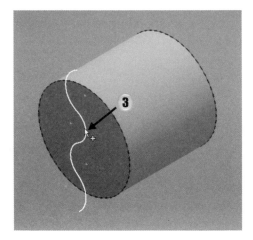

4. 在【實際範圍】的下拉選單中選擇
   【距離】，在數值中輸入「16」，並
   按下【確定】鍵。

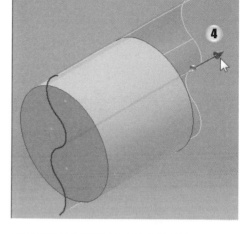

5. 點擊【3D 模型】頁籤 →【曲面】面
   板 →【雕塑】。

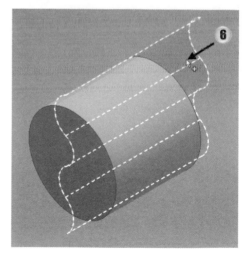

6. 點擊要雕塑的曲面，如圖所示。

7.　在雕塑類型中點擊【移除】，並點擊
　　右下角箭頭【 >> 】。

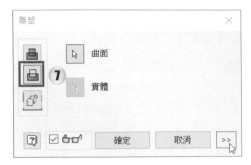

8.　在擠出表面 2 的下拉式欄位中選取
　　第一個方向，並按下【確定】。

9.　完成圖。

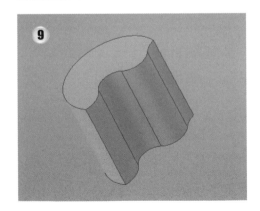

7-2 ｜ 修補曲面

操作說明　**修補曲面**

請開啟光碟中的範例檔〈7-2_修補曲面.ipt〉。

1. 點擊【3D 模型】頁籤→【曲面】面板→【修補】。

2. 選取物件上方的圓形迴路，如圖所示。

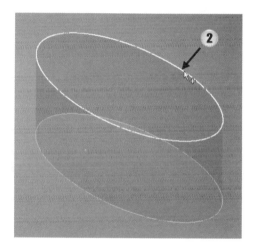

3. 在條件的下拉式選項中點擊【相切條件】，並在權值中輸入「0.2」，此時修補的面會變的扁平。

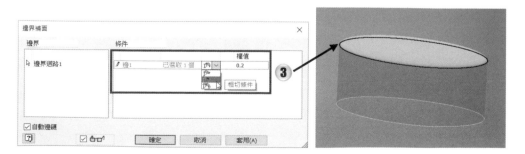

4. 在條件的下拉式選項中點擊【平滑條件】，並在權值中輸入「0.8」，此時修補
   的面會變得隆起並更平滑。

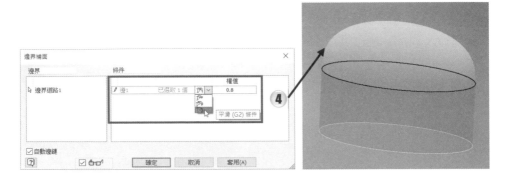

5. 完成後按下【確定】。

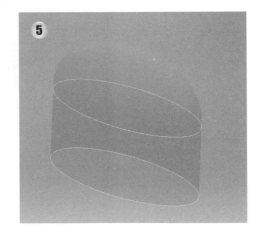

7-3 │ 修剪曲面

操作說明　修剪曲面

請開啟光碟中的範例檔〈7-3_修剪曲面.ipt〉。

1. 點擊【3D 模型】頁籤 →【曲面】面板 →【修剪】。

2. 點擊波浪形狀的曲面，如圖所示。

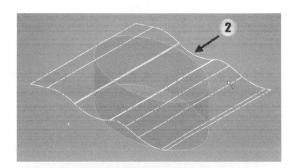

3. 再點擊上方的橢圓區域，如圖所示（若選錯，按住 Ctrl 鍵再點選面，可將選取的區域取消選取）。

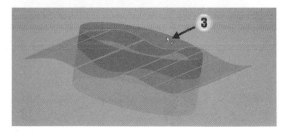

4. 點擊【確定】，即可將物件上方的圖塊修剪掉。

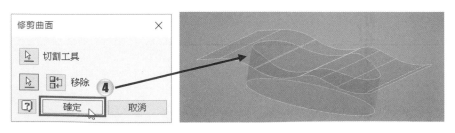

5. 繼續點擊【3D 模型】頁籤 →【曲面】面板 →【修剪】。

6. 點擊物件下方的橢圓圖塊，如圖所示。

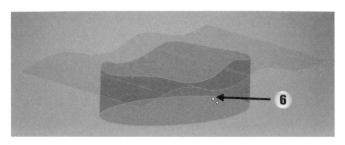

7. 點擊物件上方的曲面，如圖所示，完成後按下【確定】。

8. 也可以將曲面的外側區域修剪掉，完成圖。

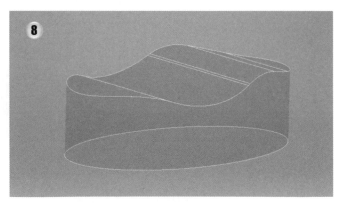

7-4 │ 縫合曲面

操作說明　縫合曲面

請開啟光碟中的範例檔〈7-4_縫合曲面.ipt〉。

1. 點擊【3D 模型】頁籤 →【曲面】
面板 →點擊【縫合】。

2. 點擊物件的上方曲面、側邊曲面、
以及底部曲面。

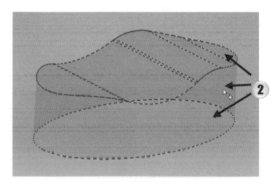

3. 若在縫合的面板下勾選【保持為曲面】，套用後物件還是為曲面的狀態。

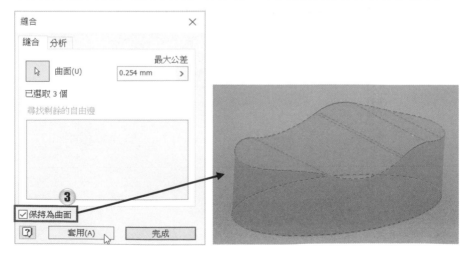

4. 在縫合的面板下不勾選【保持為曲面】，按下【套用】後物件會變成實體，再
   點擊【完成】。

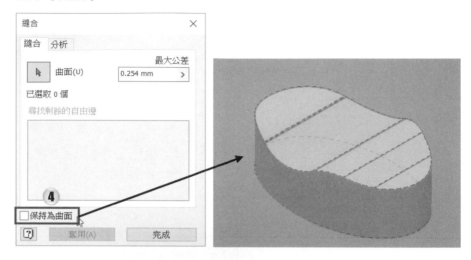

5. 完成圖。

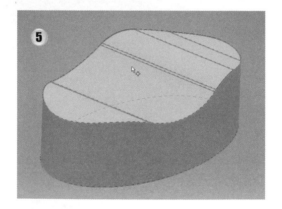

CHAPTER 8

工程圖設計

本章介紹

機械製造加工的程序必定需要加工圖、組合圖等作為加工參照的依據。擁有完善的重點標註、能夠表現完整模型的圖面，才能作為精準的加工參考而且不容易產生錯誤。Inventor 圖面檔能夠製作 3D 模型各種視角的視圖，也能製作特殊剖面視圖、詳圖、輔助視圖等等，本章將以淺顯易懂的方式介紹工程圖面的製作。

本章目標

在完成此一章節後，您將學會：

- 學習一般三視圖的建立
- 完成各類視圖的建立

8-1 | 建立工程圖面與基準視圖

開啟一個新的檔案，點擊【Metric(公制)】→ ISO.idw，點擊【建立】。

操作說明 **建立工程圖面與基準視圖**

1. 點擊模型樹下方的【圖紙:1】，按下滑
    鼠右鍵點選【編輯圖紙】。

2. 在格式的下方大小欄位點選【A4】，
   來設定圖紙的大小，並按下【確定】。

3. 點擊【放置視圖】頁籤 →【建立】面
   板 →【基準】。

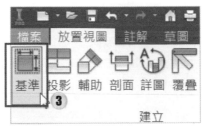

4. 點擊檔案的右側【開啟既有檔案】的
   按鈕。

5. 開啟光碟中的範例檔〈ch8_PART A.ipt〉，並按下【開啟】鍵。

6. 在型式的選項中點選【隱藏線】，在比例的下拉式選項中點選【1:1】。

7. 將滑鼠移動到物件上按住左鍵並拖曳，可以將物件移動到要放置的位置。

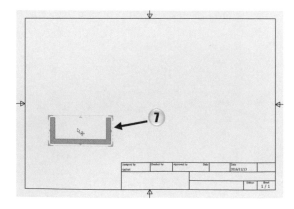

8.　將滑鼠移動到物件的右下角
　　會出現紅色 L 型標示，可以利
　　用此標示按下滑鼠左鍵拖曳，
　　可將物件放大。

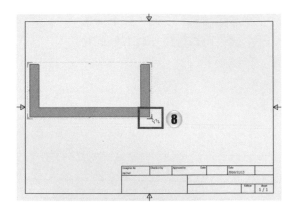

9.　點擊右上方的視圖方塊，可以
　　改變放置的視角。

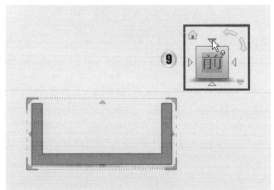

10.　將滑鼠移動到視圖的上方，按
　　　下滑鼠左鍵，可以建立一個上
　　　方的投影視圖。

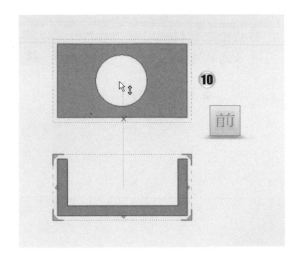

11. 將滑鼠移動到右側，按下滑鼠
    左鍵，可以建立一個右側的投
    影視圖。

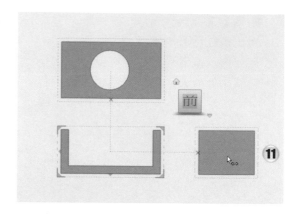

12. 點擊視圖左側的【 X 】符號，可
    以刪除不需要的視圖。

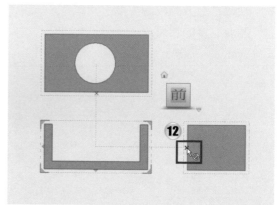

13. 完成後按下【 確定 】，完成基
    本視圖的建立。

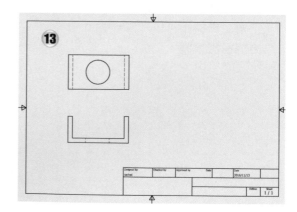

8-2 │ 投影視圖

延續上一小節檔案來操作。

1. 點擊【放置視圖】頁籤 →【建立】
    面板 →【投影】。

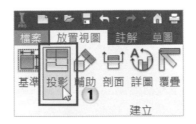

2. 點擊要投影的視圖。

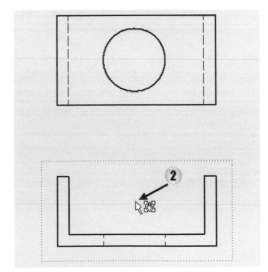

3. 將滑鼠往要投影的方向移動,按
    下滑鼠左鍵。

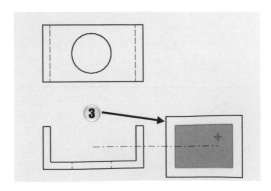

4. 可以同時投影多個視圖。

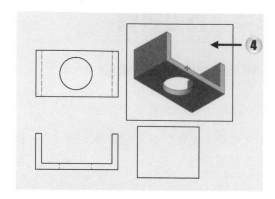

5. 完成後按下滑鼠右鍵，並按下【建立】。

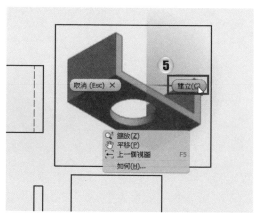

6. 完成投影視圖。

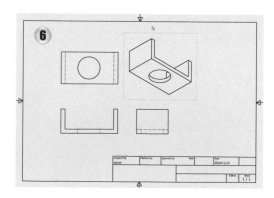

7. 連續點擊要進行編輯的視圖兩
下，可以進入編輯模式。（注意不
要點擊模型的邊線）

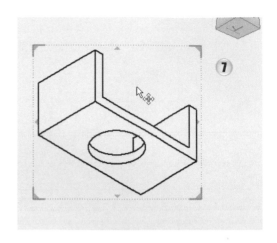

8. 可以在型式的下方欄位中點選【描影】，並按下【確定】。

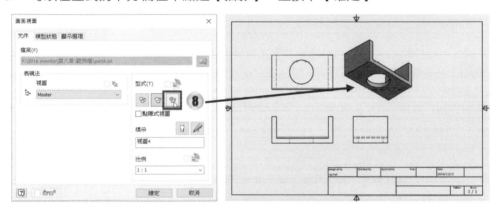

9. 以滑鼠左鍵點選視圖，按下 Delete 並點擊【確定】，可以將不要的視圖刪除。

10. 完成圖。

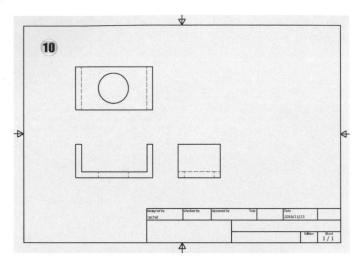

小秘訣

點擊【註解】頁籤 →【格式】面板 → 點擊【編輯圖層】，開啟型式與標準編輯器視窗。

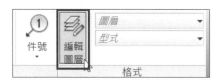

左側欄位點擊【標準】→【預設標準（ISO）】，右側欄位選擇【視圖偏好】，可切換投影類型至「第一角」或「第三角」，點擊【儲存並關閉】，重新投影視圖即可。

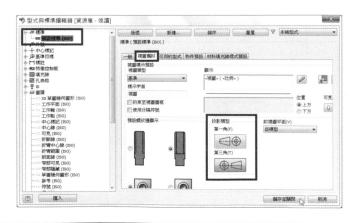

8-3 │ 輔助視圖

開啟一個新的檔案，點擊【 Metric(公制) 】→ ISO.idw →【 建立 】。

操作說明　**輔助視圖**

1.　點擊模型樹下方的【 圖紙:1 】，按下滑鼠右鍵點選【 編輯圖紙 】。

2. 在格式的下方大小欄位點選【A4】，
   來設定圖紙的大小，並按下【確定】。

3. 點擊【放置視圖】頁籤 →【建立】面
   板 →【基準】。

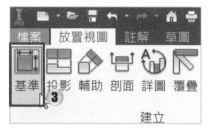

4. 點擊檔案的右側【開啟既有檔案】的
   按鈕。

5. 開啟光碟中的範例檔〈ch8_partB〉，並按下【開啟】鍵。

6. 點擊視圖方塊下的箭頭，將視圖調整到【下】視圖。

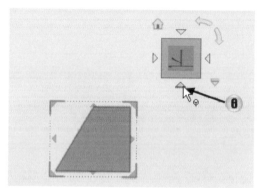

7. 在比例的下拉式選項中點擊【2:1】，並按下【確定】。

8. 點擊【放置視圖】頁籤 →【建立】面板 →【輔助】。

9. 點擊要投影的物件。

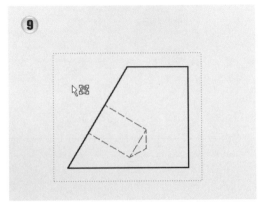

10. 點擊物件的斜邊，如圖所示。

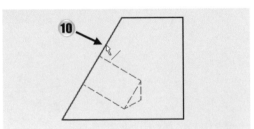

11. 將滑鼠移動到要投影的方向，並按下滑鼠左鍵。

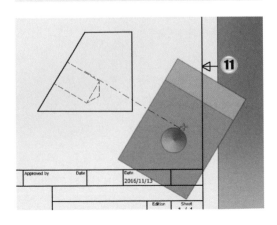

12. 將滑鼠移動到物件的外圍，會出現一個紅色的外框，按下滑鼠左鍵並拖曳，將物件拖曳到左上的位置。

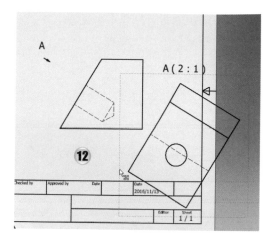

13. 點擊上方的比例字樣並拖曳到下方的位置，可以調整比例字體的位置。

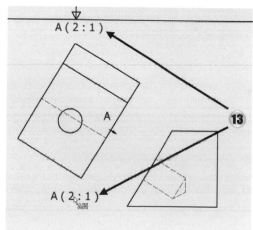

14. 點擊中心線並按下 Ctrl 鍵，同時選取物件上方不想投影的線段，如右圖所示。

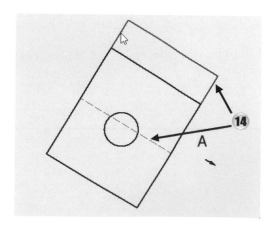

15. 按下滑鼠右鍵，點擊【可見性】，
    可將不需要的線段隱藏。

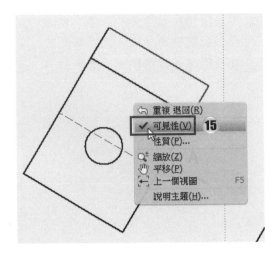

16. 完成圖，輔助視圖可以作出與斜邊垂直的視圖。

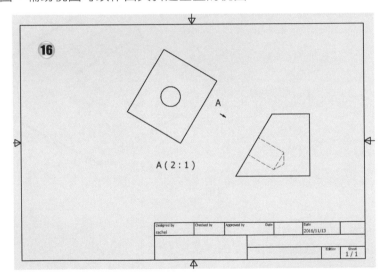

8-4 | 剖面視圖

操作說明　剖面視圖

請開啟光碟中的範例檔〈8-4_剖面視圖.idw〉。

1. 點擊【放置視圖】頁籤 →【建立】
   面板 → 點擊【剖面】。

2. 點擊要剖面的視圖。

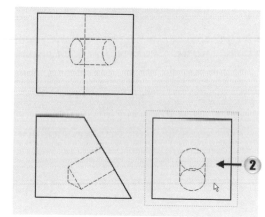

3. 將滑鼠移動到圓孔中心的下方，
   此時會出現一條虛線，按下滑鼠
   左鍵。

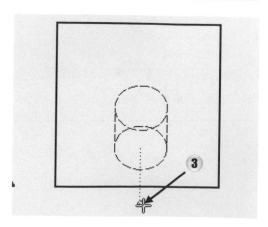

4. 將滑鼠往上移動，繪製一條直線，
   在適當的位置點擊滑鼠左鍵。

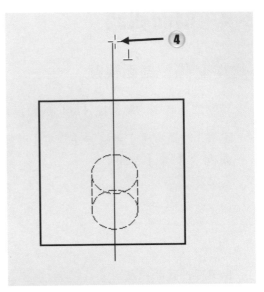

5. 按下滑鼠右鍵，並點擊【繼續】。

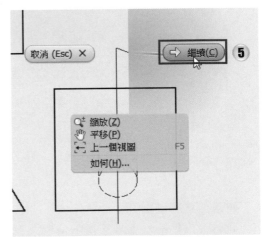

6. 將視圖往右移動到適當的位置後
   按下滑鼠左鍵。

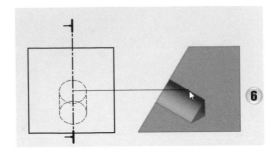

7. 完成圖，完成由 AA 割線所切出的剖面圖，由斜線來填充實心部位。

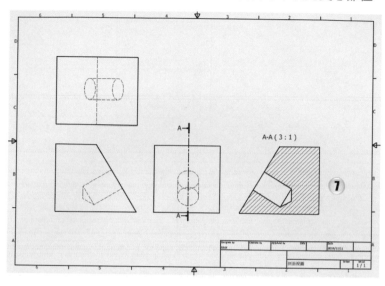

操作說明　　**編輯剖面**

1. 延續上一小節繼續操作。點擊
   剖面 A 箭頭，點擊滑鼠右鍵→
   【編輯】。

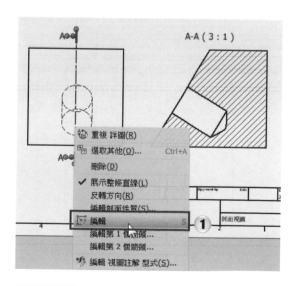

2. 點擊畫面下方【 ⤵ 】開啟放鬆
   模式。

3. 滑鼠左鍵往右拖曳剖面線，修改剖面位置。

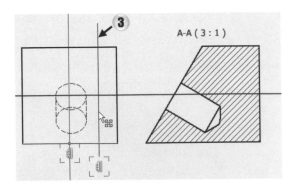

4. 點擊【草圖】頁籤 →【約束】面板 →【標註】按鈕。

5. 點擊剖面線，與下方中點。

6. 點擊左鍵放置標註，按下 Esc 鍵結束標註指令。

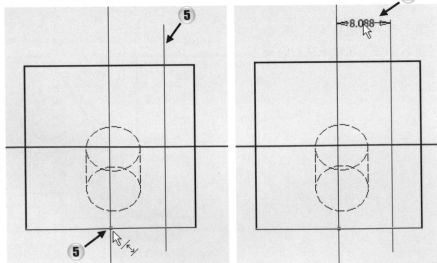

7. 左鍵點擊尺寸兩下，編輯尺寸，輸入「10」並按下 Enter 鍵。

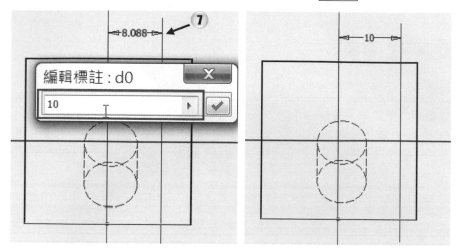

8. 點擊功能區的【完成草圖】，此時剖面視圖已經更新。

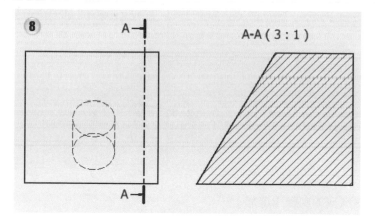

8-5 | 詳圖

　詳圖

延續上一小節檔案來操作。

1. 點擊【放置視圖】頁籤 →【建立】
   面板 → 點擊【詳圖】。

2. 點擊要作詳圖的物件，如圖所示。

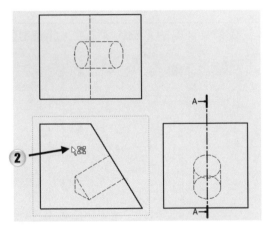

3. 在視框線造型下點擊【環形】。

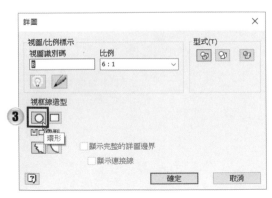

4. 點擊要作詳圖部位的中心點，如圖所示。

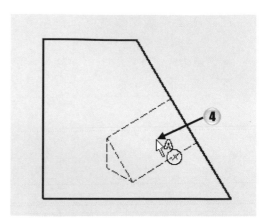

5. 往外移動滑鼠拉出一個圓，並點擊左鍵來決定詳圖的範圍。

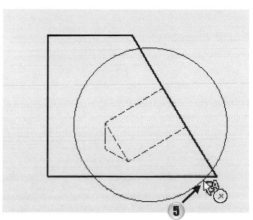

6. 將滑鼠移動到詳圖要放置的位置後，按下滑鼠左鍵。

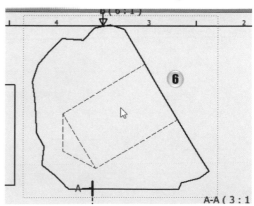

7. 在詳圖上連續點擊滑鼠左鍵兩下，進入編輯模式，在比例的下拉式選單中點選【4:1】，完成後按下【確定】。

8. 完成圖。

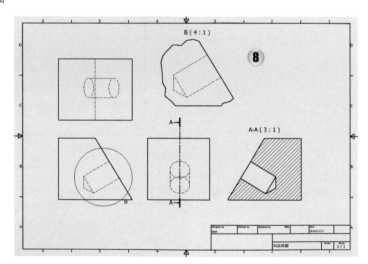

8-6 | 中斷視圖

操作說明　中斷視圖

請開啟光碟中的範例檔〈8-6_中斷視圖.idw〉。

1. 點擊【放置視圖】頁籤 →【修改】面板 → 點擊【中斷】。

2. 點擊要中斷視圖的物件。

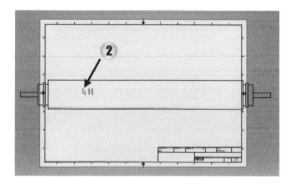

3. 在型式的下方選項中點選【結構型式】，在方位的下方選項中點選【水平方位】。

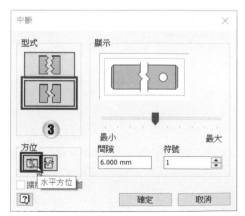

4. 點擊左鍵決定要中斷的位置，
   如圖所示。

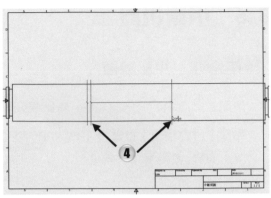

5. 完成圖。

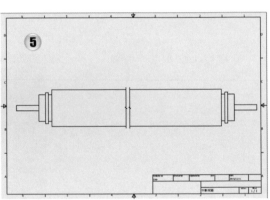

8-7 │局部剖視圖

操作說明　局部剖視圖

　　請開啟光碟中的範例檔〈8-7_局部剖視圖.idw〉。

1.　點擊【放置視圖】頁籤 → 【草圖】
　　面板 → 點擊【開始繪製草圖】。

2.　點擊要進行局部剖視的視圖。

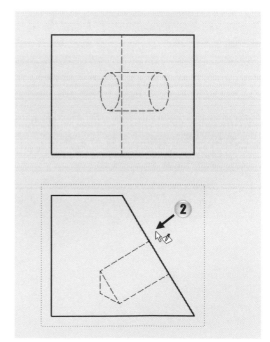

3. 點擊【草圖】頁籤 →【建立】面板 → 點擊線的下拉式選單中的【雲形線插補】。

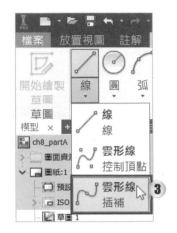

4. 繪製雲形線,將要進行剖面的區域圈出,並將最後的點連接第一點,完成後點擊右上角的【完成草圖】。

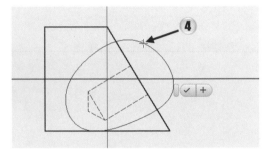

5. 點擊【放置視圖】頁籤 →【修改】面板 → 點擊【拆解】。

6. 點擊要進行剖面的視圖。

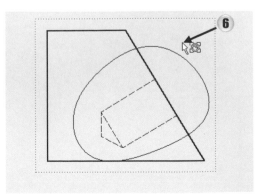

7. 在深度的下拉式選單中點選【到孔】。

8. 點擊孔位置的虛線，如圖所示，完成後按下【確定】。

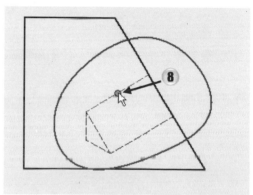

9. 完成圖，可以看到剖面線出現在指定的局部範圍中。

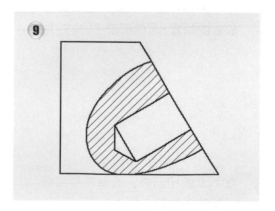

8-8 │ 標註尺寸

操作說明　　標註尺寸

請開啟光碟中的範例檔〈8-8_標註尺寸.idw〉。

1.　點擊【註解】頁籤 →【標註】面
　　板 → 點擊【標註】。

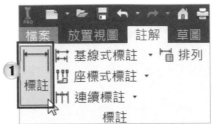

2.　點擊要標註的兩個端點，如圖所
　　示。

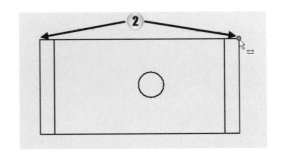

3.　按下滑鼠左鍵可以決定標註尺寸
　　放置的位置，完成後按下【確定】。

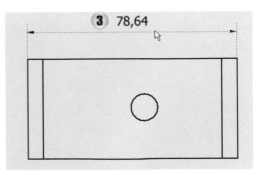

4.　在下方的視圖中，點擊物件左側
　　線段的兩個點，如圖所示。

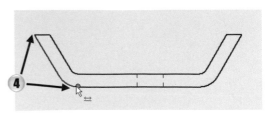

5. 將標註的線段往下方移動，可以
測量出水平方向的距離，點擊滑
鼠左鍵決定標註尺寸放置位置，
完成後按下【確定】。

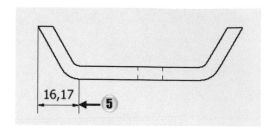

6. 點擊兩條不同角度的邊可以標註
夾角，如圖所示，注意不要點到線
段中點。

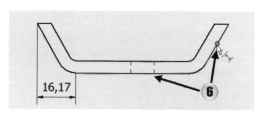

7. 根據滑鼠移動的方向不同，可以
標註的夾角也會不同，點擊滑鼠
左鍵決定夾角標註位置，完成後
按下【確定】。

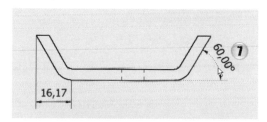

8. 點擊上視圖的圓孔，如圖所示。

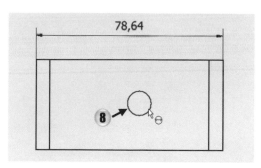

9. 可以標註圓孔的直徑，點擊滑鼠
左鍵決定標註位置，完成後按下
【確定】。

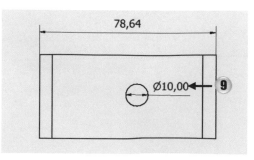

10. 點擊前視圖的圓角，如圖所示。

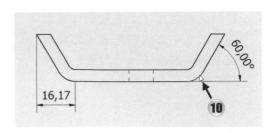

11. 可以標註圓弧的半徑，點擊滑鼠左鍵決定標註位置，完成後按下【確定】。按下 Esc 鍵結束標註指令。

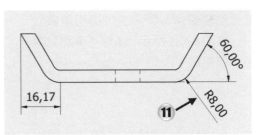

12. 滑鼠左鍵點擊角度尺寸兩下。

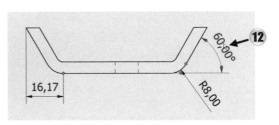

13. 點擊【精確度與公差】頁籤，在角度單位的下拉式選單中點選【0】，並按下【確定】。

14. 可將角度單位變更為整數，沒有小數點。

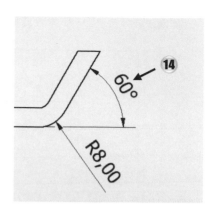

15. 點擊【註解】頁籤 → 【格式】面板 → 點擊【編輯圖層】。

16. 點擊標註前方的【＋】，點選【預設(ISO)】，在單位頁籤下方的精確度下拉式欄位中點擊【0】，並點擊【儲存並關閉】。

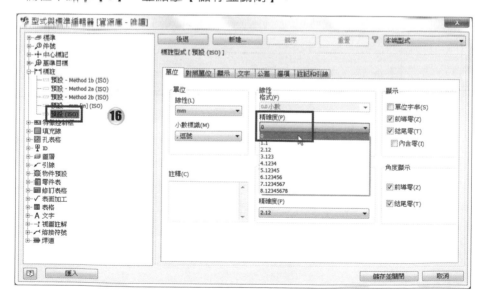

17. 圖面上所有的標註都會變成整數，完成標註。

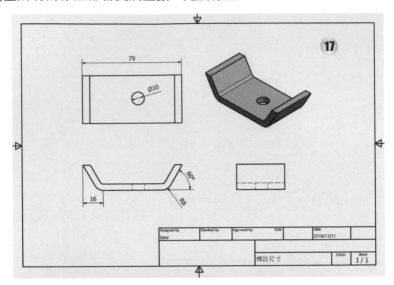

18. 另外一個設定精確度的方式是先點擊標註，按下滑鼠右鍵選擇 →【編輯標註型式】。

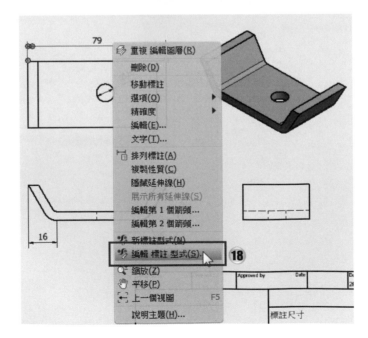

19. 會自動跳到此標註所使用的型式設定。在【線性】下方的【精確度】下拉式選
單中點擊【2.12】，點擊【儲存並關閉】。

8-9 | 中心線建立

操作說明　中心線建立

延續上一小節圖檔來操作。

1. 點擊【註解】頁籤 →【符號】面板 → 點擊【中心線】。

2. 點擊要放置中心線的兩條線段，如圖所示。

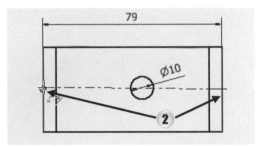

3. 在左側位置點擊滑鼠左鍵，完成後按下 Esc 離開中心線的繪製。

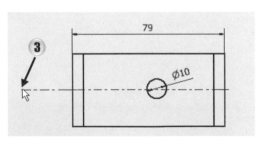

4. 完成圖。

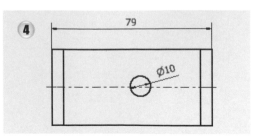

5.　點擊【註解】頁籤 →【符號】面板 →
　　點擊【中心標記】。

6.　點擊圓或圓弧，如圖所示。

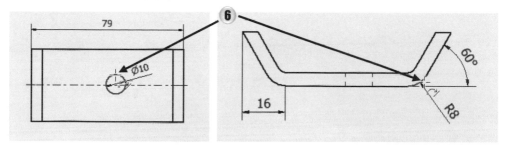

7.　中心標記會標註在圓心的位置。

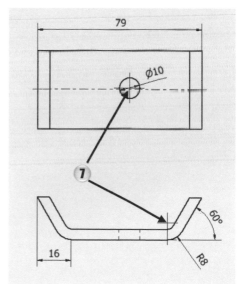

8. 點擊【註解】頁籤 →【符號】面
板 → 點擊【中心線平分線】。

9. 點擊兩條孔的線段，如圖所示。

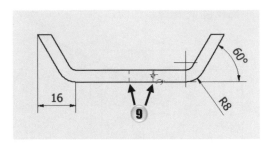

10. 在孔的兩條線段中間，建立中心
線。

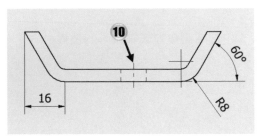

8-10 | 孔表格

開啟光碟範例檔〈8-10_孔表格.dwg〉。

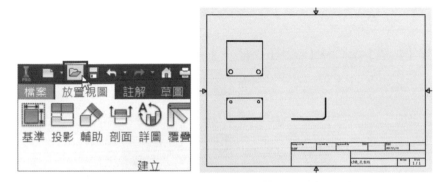

1. 點擊【註解】頁籤 →【表格】面板 →【零件表】。

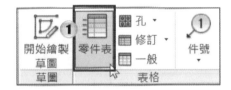

2. 點選其中一個視圖。點擊【確定】按鈕,關閉視窗。

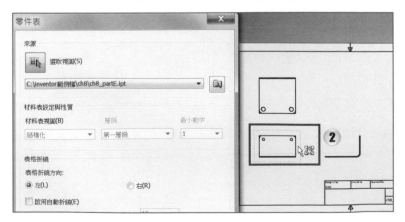

3. 畫面中任意位置點擊滑鼠左鍵,放置零件表。

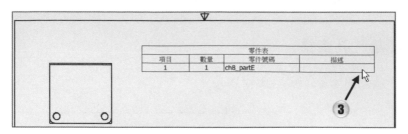

4. 點擊【註解】頁籤 → 【表格】面板 → 【孔】下拉式選單 → 【孔(視圖)】。

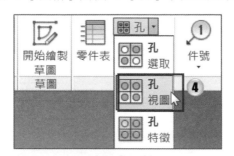

5. 點選視圖。

6. 點擊如圖所示位置,決定原點。

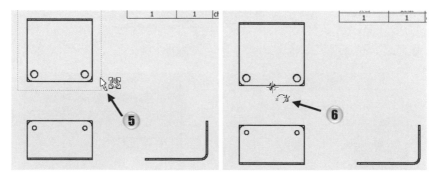

7. 畫面中任意位置點擊滑鼠左鍵,放置孔表格。

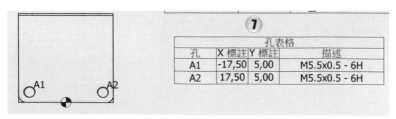

孔表格			
孔	X 標註	Y 標註	描述
A1	-17,50	5,00	M5.5x0.5 - 6H
A2	17,50	5,00	M5.5x0.5 - 6H

8.　在孔表格上按滑鼠右鍵→【編輯孔表格】。

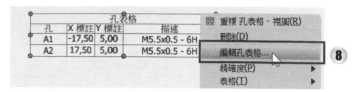

9.　切換至【格式】頁籤，點擊【欄選擇器】按鈕，可以變更表格顯示的項目。

10.　選擇【數量】，再點擊【加入】，可將數量顯示到表格中。點擊【確定】關閉欄選擇器與編輯孔表格的視窗。

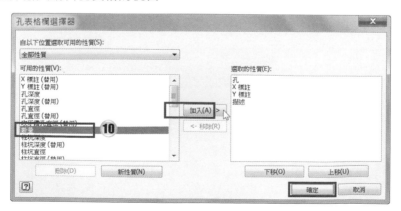

11. 完成圖。

孔表格				
孔	X 標註	Y 標註	描述	數量
A1	-17,50	5,00	M5.5x0.5 - 6H	1
A2	17,50	5,00	M5.5x0.5 - 6H	1

⑪

模擬練習一

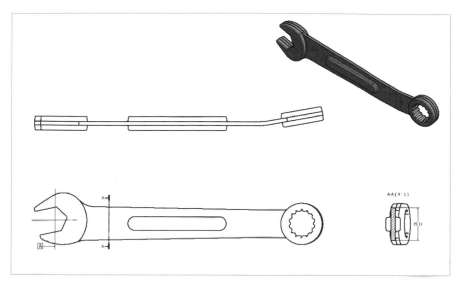

開啟 Wrench .dwg。

● 　修改剖面視圖，使剖面線與基準面 A 相距 30 公釐。

30 公釐的距離設定好後，在斷面的剖面視圖標註值為何？

答：##.## mm

模擬練習二

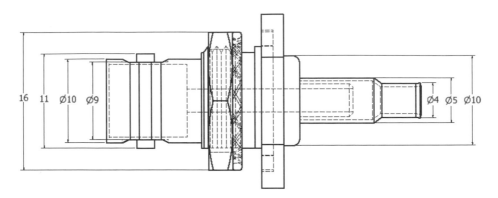

開啟 Bnc.dwg。

● 　審閱側視圖的標註。

● 　將標註型式的單位精確度更改為三個小數點位數。

直徑 9 標註的完整數值為何？

答：#.### mm

模擬練習三

開啟 Sheetmetal.dwg。

● 　編輯孔表格以顯示「結件大小」與「結件配合」分欄。

4.5 mm 直徑穿孔的指定結件大小為何？＿＿＿＿＿＿＿＿

4.5 mm 直徑穿孔的指定結件配合為何？＿＿＿＿＿＿＿＿（請以英文作答）

CHAPTER 9

簡報設計

本章介紹

一個完整的成品與組合機構，從外表通常無法辨識內部構造，可以透過爆炸圖或是組裝動畫來呈現，此任務可以交由 Inventor 簡報檔來完成，本章將介紹組合件的組裝與爆炸展示流程與群組動畫的製作。

本章目標

在完成此一章節後，您將學會：

- 完成組裝與分解動畫
- 完成群組動畫

9-1 | 簡報製作流程（2018 版本）

簡報可以將零件的組裝與拆解流程完整呈現，並發佈為動畫。Inventor2018 簡報介面大幅度更動，Inventor2016 版本的群組動畫視窗已經變更為下方的時間軸，更直覺且容易操作。

因為介面變更，考題也不一樣，本書準備了兩個版本的簡報教學，若您是使用 Inventor 2016 版本，請直接閱讀 9-2 簡報製作流程（2016 版本）。

操作說明　**快速發佈視訊**

準備工作

開啟一個新的檔案，點擊【Metric(公制)】 → 【簡報-建立組合的分解投影】 →【Standard(mm).ipn】，點擊【建立】。

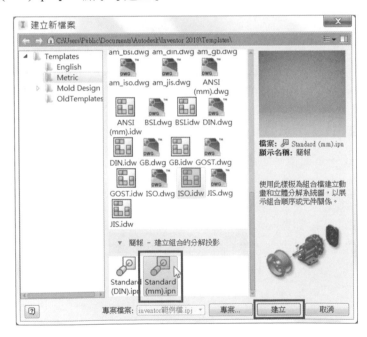

1. 開啟簡報後，選擇光碟範例檔〈9-1_簡報製作.iam〉，再點擊【開啟】。

2. 簡報畫面如下圖。

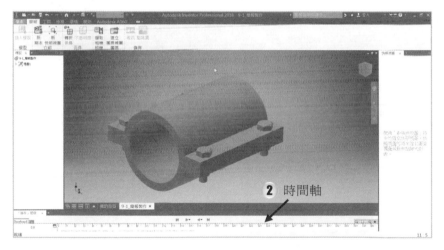

3. 點擊【簡報】頁籤 →【元件】面
   板 →【轉折元件】。

4. 環轉視角如圖所示，選取一個螺帽，按住 Ctrl 或 Shift 鍵再點擊其他螺帽，共選取 4 個螺帽。

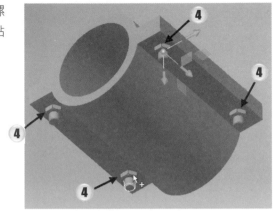

5. 將滑鼠移動到第一個螺帽上的箭頭，並按住滑鼠左鍵往下方拖曳來移動螺帽。

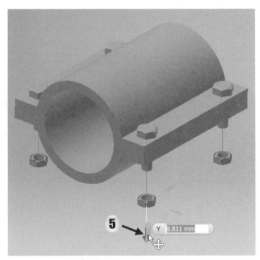

6. 選取一個螺絲，按住 Ctrl 或 Shift 鍵再點擊其他螺絲，共選取 4 個螺絲。

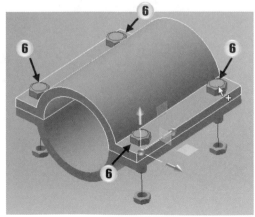

7.　將滑鼠移動到第一個螺絲上的箭
　　頭，並按住滑鼠左鍵往上方拖曳
　　來移動螺絲。

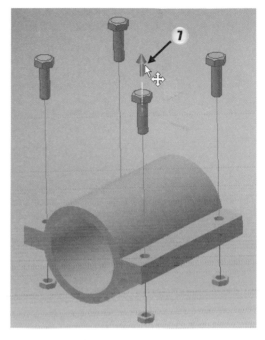

8.　點擊上方的半圓形元件。

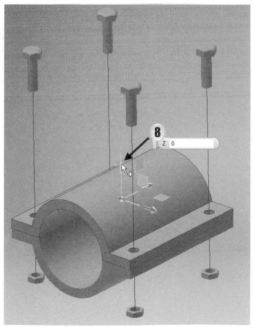

9. 按住滑鼠左鍵往上拖曳箭頭。

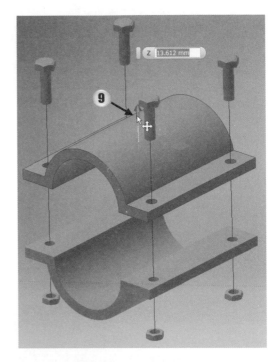

10. 點擊打勾按鈕完成。

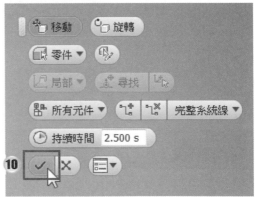

11. 下方時間軸會顯示綠色條狀，表示目前的動畫時間。

12. 拖曳控制桿到左邊。

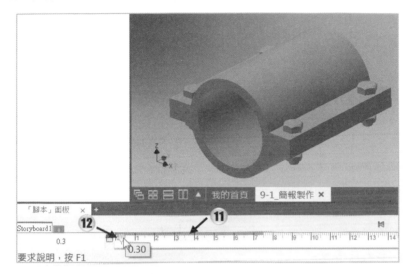

13. 拖曳控制桿到右邊，可以由拖曳過程來檢視動畫。

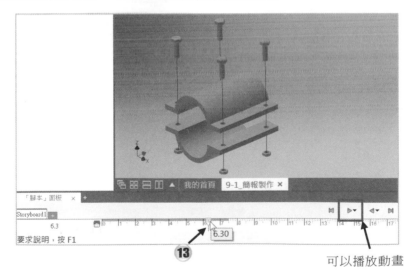

可以播放動畫

14. 點擊【簡報】頁籤 →【發佈】面板 →【視訊】。

15. 發佈範圍選擇【目前腳本】，發佈目前腳本全部的動畫。

16. 視訊解析度選擇【640x 480(4:3)】，可自由決定影片尺寸。

17. 點擊【 ⬈ 】按鈕，可以決定影片存檔位置。

18. 檔案格式選擇【WMV 檔案（*wmv）】。

19. 點擊【確定】，開始製作影片。

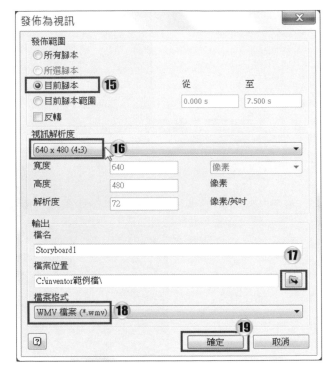

20. 發佈完成，請點擊【確定】，到存檔位置找尋影片。

操作說明　編輯轉折

1. 左側模型歷程，展開【轉折】選項，可以檢視之前的轉折操作。

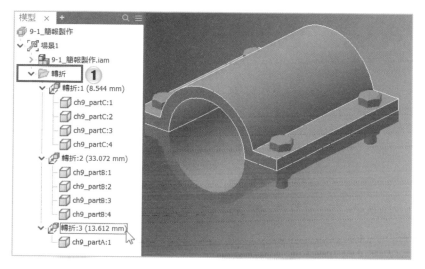

2. 選取【轉折：3】，點擊右鍵→選擇【編輯轉折】。

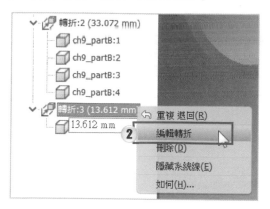

3. 可以重新設定距離，點擊打勾按鈕完成。

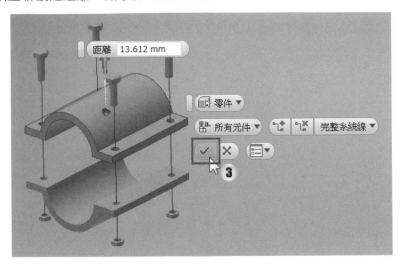

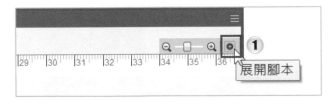
操作說明　時間軸

1. 在時間軸右側，點擊【 ⊙ 】按鈕展開腳本。

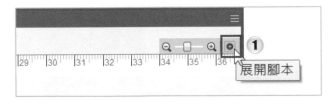

2. 展開腳本會顯示每一個元件的轉折時間。

3. 按住滑鼠左鍵往上拖曳腳本面板的分隔線，可以調整高度。

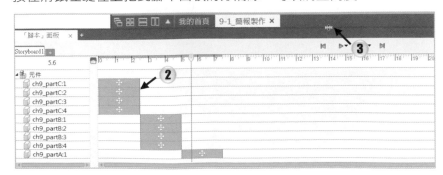

4. 選取 ch9_partC:1 螺帽的元件，按下滑鼠右鍵 →【選取】→【群組】，可以選取到所有螺帽（因為螺帽在同一個轉折群組，可以從模型歷程查看）。

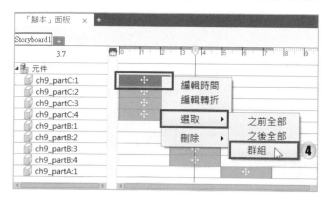

5. 滑鼠放在螺帽移動範圍的中間。

6. 按住左鍵往右邊拖曳，可以調整移動時間。

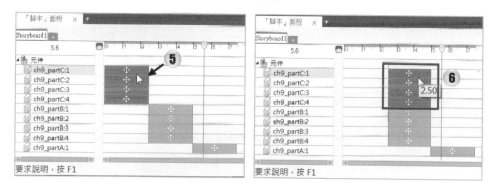

7. 播放動畫可以發現螺帽與螺絲會同時移動。

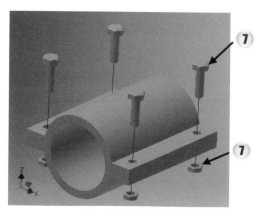

8. 再次選取 ch9_partC:1
   螺帽的元件，按下滑鼠
   右鍵 →【選取】→【群
   組】，滑鼠停留在螺帽移
   動範圍的左側。

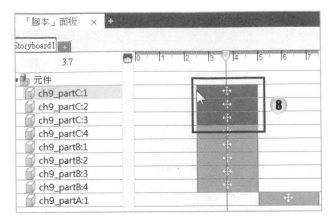

9. 按住左鍵往左拖曳，調
   整時間範圍。

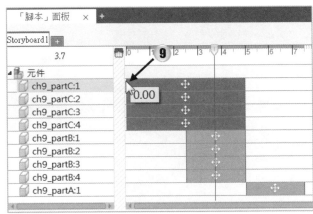

10. 滑鼠停留在螺帽移動範
    圍的右側，按住左鍵往
    左拖曳，如此一來，已經
    回復到先前設定的簡報
    動畫內容。

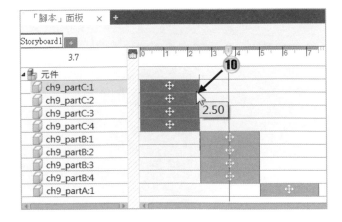

11. 按住滑鼠左鍵往下拖曳腳本面板的分隔線，調整高度。

12. 點擊 Storyboard1 右側的加號，增加腳本。

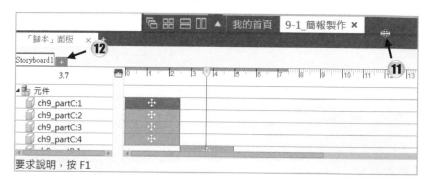

13. 點擊【確定】。

14. 會新增腳本 2，一個簡報可以製作不同的腳本動畫。

15. 點擊 Storyboard1 腳本，此時沒有被啟用的腳本 2 ，才能刪除。

16. 在腳本 2 上點擊右鍵 → 選擇【刪除】。

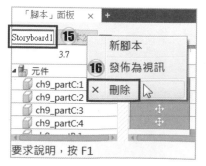

17. 點擊【是】，刪除腳本 2。

操作說明 　旋轉元件

1. 點擊【簡報】頁籤 →【元件】面板
　　→【轉折元件】。

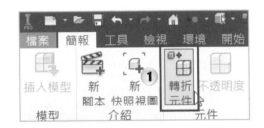

2. 將時間移動到 ch9_partB: 1 元件的
　　大約位置。

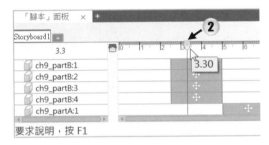

3. 選取一個螺絲。

4. 點擊【旋轉】。

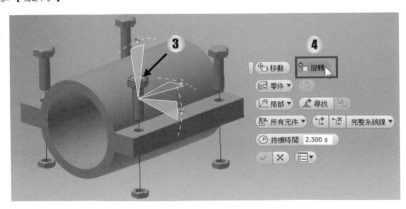

5. 會出現三個旋轉軸，點擊如圖所示的旋轉軸。

6. 輸入角度「2000」，按下 Enter 鍵完成旋轉轉折。

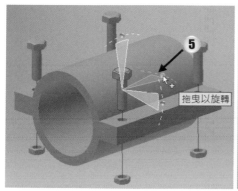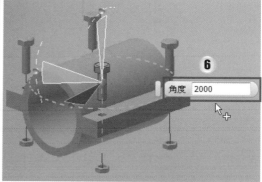

7. 點擊時間軸的 ch9_partB:1 元件左邊三角形。

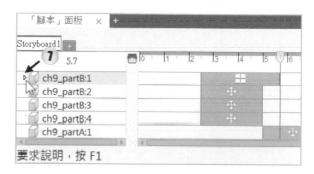

8. 會顯示此元件所有的移動 與旋轉轉折。

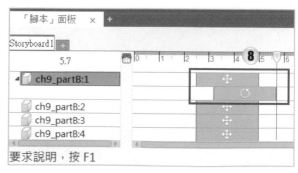

9. 將旋轉轉折拖曳到與移動
   轉折對齊。

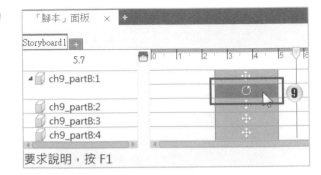

10. 點擊播放按鈕，會發現螺絲會同時移動與旋轉。

操作說明 **擷取相機**

---

1. 先利用滑鼠滾輪將畫面縮小，調整要拍攝的視角。

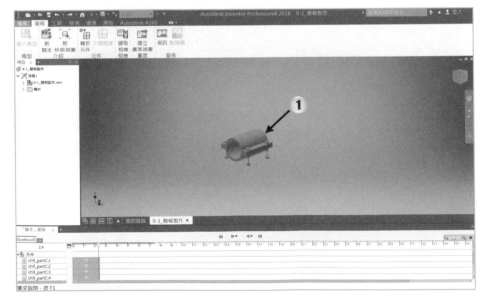

2. 將時間移動到要加入相機
的位置。

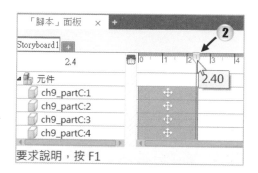

3. 點擊【簡報】頁籤 →【擷取
相機】。

4. 此時時間軸會增加一台相
機。

5. 將時間移動到要加入相機
的位置。

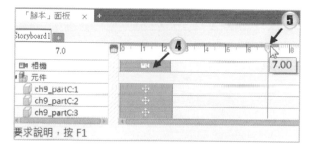

6. 利用滑鼠滾輪將畫面放大。

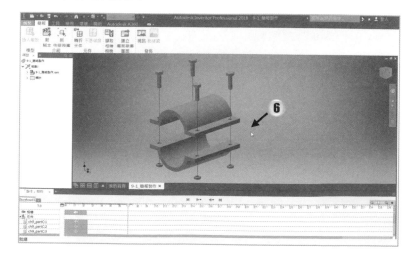

7. 點擊【簡報】頁籤 →【擷取相機】。

8. 此時已經加入另一台相機。

9. 將時間移動到最左側。

10. 點擊播放按鈕,會發現動畫的畫面會由遠變近。

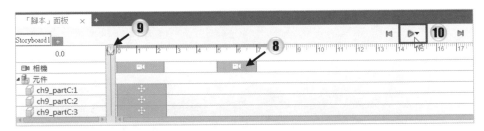

11. 點擊一台相機,按住 Ctrl 或 Shift 鍵再點擊另一台相機,可以選取兩台相機。

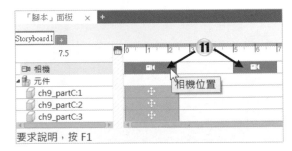

12. 按下 Delete 鍵可以刪除相機。

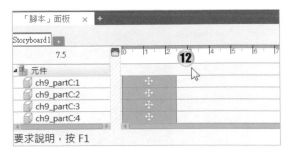

操作說明　局部與世界座標

1. 點擊【簡報】頁籤 →【轉折元件】。

2. 選取上方的半圓形元件，中心會出現座標。

3. 點擊【旋轉】。

4. 點擊【尋找】，可以改變座標位置。

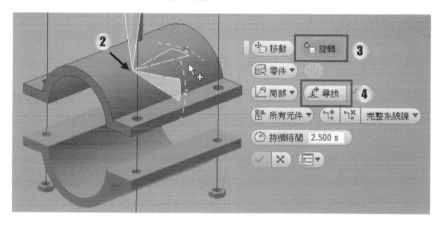

5. 點擊右側的孔。

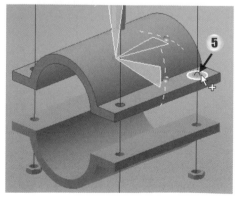

6. 點擊【  】按鈕，可以改變座標方位。

7. 點擊左側的頂點，座標會對齊此頂點。

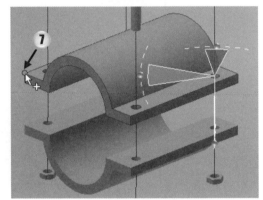

8. 旋轉元件，會發現元件以座標方向旋轉。

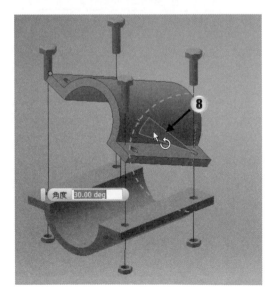

9.　角度輸入「0」，使元件恢復原本
　　位置。

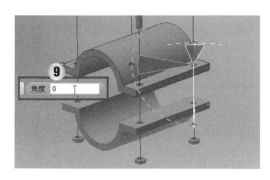

10.　點擊【局部】下拉選單，切換成【世
　　界】座標。

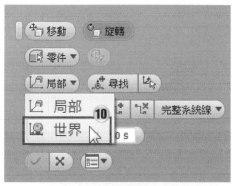

11.　可以使座標恢復原本角度。

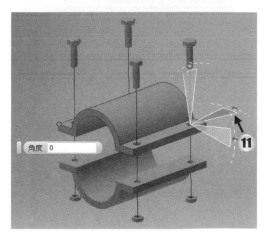

小提醒　　Inventor 2018 版本的座標名稱為「局部」，Inventor 2016 版本的座標名稱為「本端」。

9-2 │ 簡報製作流程（2016 版本）

開啟一個新的檔案，點擊【Metric(公制)】→【簡報-建立組合的分解投影】→
【Standard(mm).ipn】，點擊【建立】。

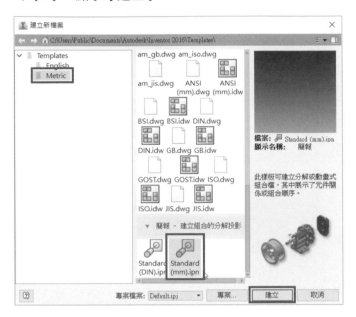

操作說明 **快速製作動畫**

1. 點擊【簡報】頁籤 →【建立】面板 →
   【建立視圖】。

2.　<選取組合文件>右側點擊【開啟既有
　　檔案】按鈕。

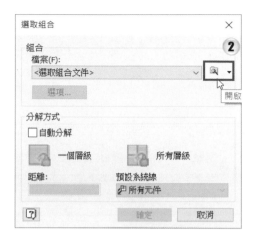

3.　點擊光碟範例檔案【9-1_簡報製作.iam】，並點擊【開啟】。

4.　點擊【確定】。

5. 點擊【簡報】頁籤 →【建立】
面板 →【轉折元件】。

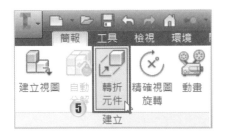

6. 點擊【移動】，點擊下方選項
中的【零件】，再點擊【尋找】，
如圖所示。

7. 環轉視角，點擊物件下方的四
個螺帽，如圖所示。

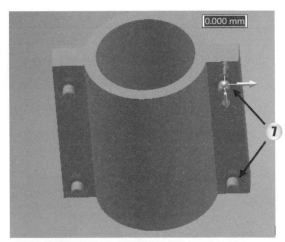

8. 將滑鼠移動到第一個螺帽上
的箭頭，並按住滑鼠左鍵往下
方拖曳來移動螺帽。

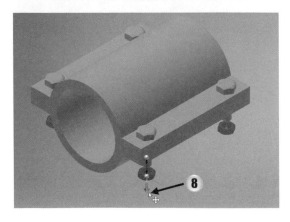

9.　點擊【＋(套用)】鍵，如圖所示。

10.　點擊物件上方的四個螺絲，如
　　圖所示。

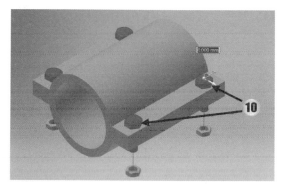

11.　將滑鼠移動到第一個螺絲的
　　移動箭頭上，並按住滑鼠左鍵
　　往上方拖曳。

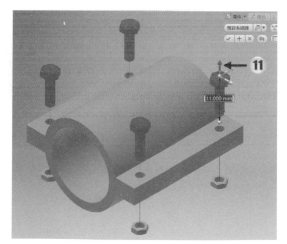

12. 再點擊【＋(套用)】鍵，點擊物件上方半圓形，如圖所示。

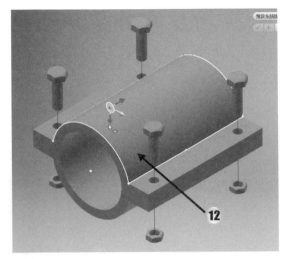

13. 將滑鼠移動到已選取物件的移動箭頭，並按住滑鼠左鍵往上方拖曳並移動。

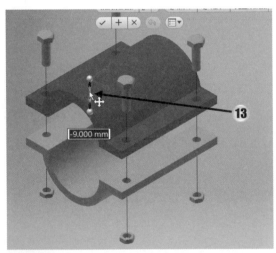

14. 完成後按下【確定】鍵。

15. 點擊【簡報】頁籤 →【建立】
　　面板 →【動畫】。

16. 點擊【播放向前】，則零件將
　　會開始組裝，點擊【播放反
　　轉】，則零件將會開始拆解。

17. 點擊右下角較多選項的按鈕
　　【 >> 】，會顯示出所有動畫的
　　順序，此時可以作變更，變更
　　前必須點擊【重置】。

18. 點擊【錄製】按鈕。

19. 需要先做錄製的設定才能開始錄製。點擊【檔案名稱】以及【存檔類型】後，
點擊【存檔】。

20. 點擊要儲存的【影像大小】後，按下【確定】，完成錄製前的設定。

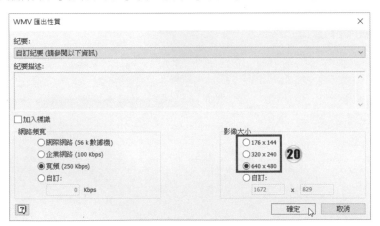

21. 點擊【播放向前】後，將會開
始錄製。

22. 錄製完畢後，再次點擊【錄製】
按鈕，結束錄製。

23. 到步驟 19 儲存影片的位置即
　　可找到錄製完成的影片。

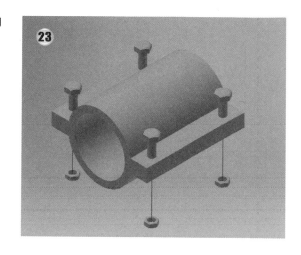

　群組動畫

開啟一個新的檔案，點擊【Metric(公制)】 →【簡報-建立組合的分解投影】 →
【Standard(mm).ipn】→【建立】。

1. 點擊【簡報】頁籤 →【建立】面板 →【建立視圖】。

2. <選取組合文件>右側點擊【開啟既有檔案】按鈕。

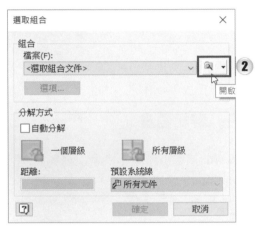

3. 點擊光碟範例檔案【9-1_簡報製作.iam】，並點擊【開啟】。

4.　在選取組合下按【確定】鍵。

5.　點擊【簡報】頁籤 →【建立】
　　面板 →【轉折元件】。

6.　點擊【移動】，如圖所示。

7.　環轉視角將物件由下往上看，
　　點擊螺帽底部的平面，使軸心
　　放置在螺帽的中心點，如圖所
　　示。

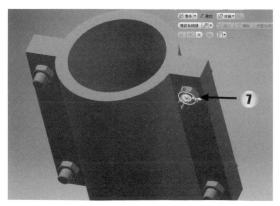

8. 將滑鼠移動到螺帽上的箭頭，並按住滑鼠左鍵往下方拖曳來移動螺帽。

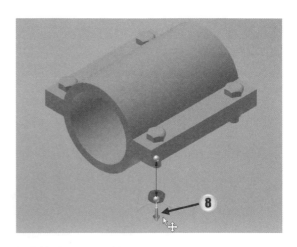

9. 點擊【旋轉】鍵，並點擊水平方向的軸向，如圖所示。

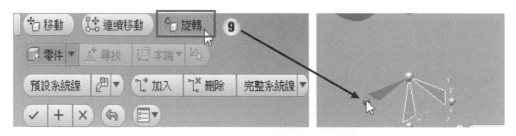

10. 按住滑鼠左鍵拖曳水平軸，往順時鐘的方向旋轉一圈，如圖所示。

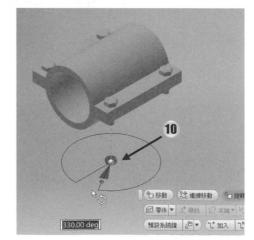

11. 點擊【＋(套用)】鍵，點擊螺絲上方平面，讓軸向落在螺絲的中心。

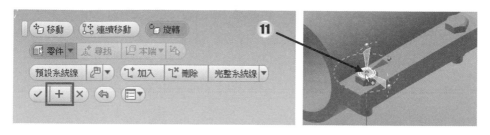

12. 點擊【移動】，將螺絲往上方移動。

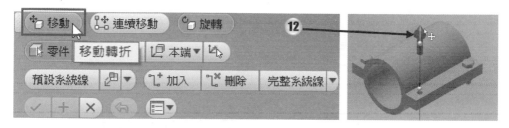

13. 點擊【旋轉】，將螺絲往水平方向選轉一圈，如圖所示。

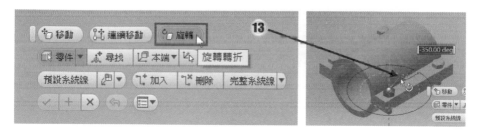

14. 按下【✓ 確定】鍵。

15. 點擊【簡報】頁籤 →【建立】
    面板 →【動畫】。

16. 點擊右下角較多選項的按鈕
    【 >> 】，再點擊【重置】。

17. 選擇順序 1 的【PartB】元件，
    按住 Ctrl 鍵選順序 2 的
    【PartB】元件，選取完後按下
    【群組】，順序皆變成 1，表示
    兩個動作同時進行。

18. 選擇順序 2 的【PartC】元件，
    按住 Ctrl 鍵選順序 3 的
    【PartC】元件，選取完後按下
    【群組】。

19. 點擊【套用】，再點擊【播放】。

20. 螺絲會同時旋轉跟降落，然後螺帽會旋轉並上升。

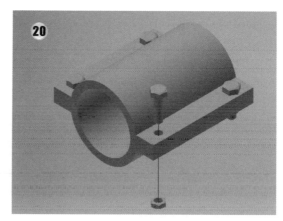

21. 點擊【重置】鍵。

22. 若想要變更動畫順序，可點選【partC】，並點擊【上移】。

23. 點選【套用】，並點擊【播放】。

24. 動畫順序會相反，螺帽會先往
上移，螺絲才會往下降。

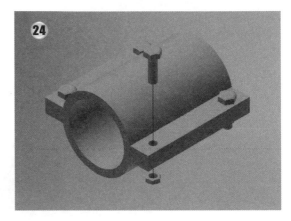

模擬練習一

當在目前的簡報視埠加入轉折元件時，在所選取的零件上會出現座標系統。為了改變座標系統的位置至某個特定區域，會使用下列那種選項？

A.　本端

B.　局部

C.　尋找

D.　世界

答：_____

 模擬練習二

下列那一種座標系統可以在簡報中用來調整零件？

A.　GPS 全球定位

B.　世界

C.　局部

D.　局部與世界

答：_____

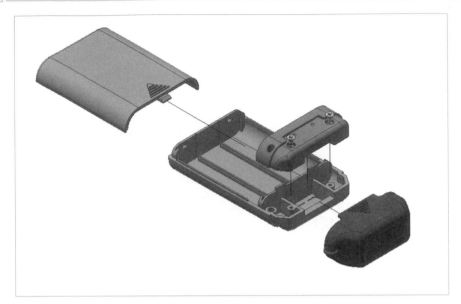

開啟 Battery Holder.ipn。

- 將目前的場景製成動畫。

- 在動畫連續鏡頭中,將以下元件組成群組:

  - Battery Holder-Screw-1

  - Battery Holder-Screw-2

將那些元件組成群組後,還剩下多少個獨特的連續鏡頭?

答:_____

Autodesk Inventor 電腦繪圖與輔助設計(含 Inventor 2016~2018 認證模擬與解題)

作　　者：邱聰倚 / 姚家琦
企劃編輯：王建賀
文字編輯：江雅鈴
設計裝幀：張寶莉
發 行 人：廖文良

發 行 所：碁峰資訊股份有限公司
地　　址：台北市南港區三重路 66 號 7 樓之 6
電　　話：(02)2788-2408
傳　　真：(02)8192-4433
網　　站：www.gotop.com.tw
書　　號：AER052400
版　　次：2019 年 02 月初版
建議售價：NT$520

國家圖書館出版品預行編目資料

Autodesk Inventor 電腦繪圖與輔助設計(含 Inventor 2016~2018
認證模擬與解題) / 邱聰倚, 姚家琦著. -- 初版. -- 臺北市：碁
峰資訊, 2019.02
　　面；　公分
　　ISBN 978-986-502-023-1(平裝)
　　1.工程圖學　2.電腦軟體
440.8029　　　　　　　　　　　　　　　　107023070